2024
园林古建、和美乡村精品工程项目集

《筑苑》工作委员会　编

中国建设科技出版社有限责任公司
China Construction Science and Technology Press Co., Ltd.
北　京

图书在版编目（CIP）数据

2024 园林古建、和美乡村精品工程项目集 /《筑苑》工作委员会编．-- 北京：中国建设科技出版社有限责任公司，2025. 1. -- ISBN 978-7-5160-4353-0

Ⅰ．TU-098.4

中国国家版本馆 CIP 数据核字第 20243DK623 号

2024 园林古建、和美乡村精品工程项目集
2024 YUANLIN GUJIAN，HEMEI XIANGCUN JINGPIN GONGCHENG XIANGMUJI
《筑苑》工作委员会　编

出版发行：中国建设科技出版社有限责任公司
地　　址：北京市西城区白纸坊东街 2 号院 6 号楼
邮政编码：100054
经　　销：全国各地新华书店
印　　刷：北京天恒嘉业印刷有限公司
开　　本：889mm×1194mm　1/16
印　　张：15.25
字　　数：300 千字
版　　次：2025 年 1 月第 1 版
印　　次：2025 年 1 月第 1 次
定　　价：200.00 元

本社网址：www.jskjcbs.com，微信公众号：zgjskjcbs
请选用正版图书，采购、销售盗版图书属违法行为

《2024园林古建、和美乡村精品工程项目集》编委会

指导专家组成员：

编　委（按姓氏笔画排序）：

中国建设科技出版社《筑苑》工作委员会

前言 Foreword

党的二十届三中全会审议通过的《中共中央关于进一步全面深化改革、推进中国式现代化的决定》明确指出，“中国式现代化是人与自然和谐共生的现代化。必须完善生态文明制度体系，协同推进降碳、减污、扩绿、增长，积极应对气候变化”。2024 年中央一号文件明确提出要“打好乡村全面振兴漂亮仗，绘就宜居宜业和美乡村新画卷”。在 2023 年 7 月召开的全国生态环境保护大会上，习近平总书记发表重要讲话，着重指出“把建设美丽中国摆在强国建设、民族复兴的突出位置，推动城乡人居环境明显改善、美丽中国建设取得显著成效，以高品质生态环境支撑高质量发展”。党的二十大报告也明确提出要“统筹乡村基础设施和公共服务布局，建设宜居宜业和美乡村”。改善城乡人居环境，建设美丽中国，全面推进乡村振兴，推动绿色低碳发展，促进人与自然和谐共生，已成为当前行业重要的使命任务。

园林景观作为生态文明不可或缺的一环，扮演着至关重要的角色。城乡公园绿地、广场、居住区绿地和道路景观等，不仅为人们打造了高品质的居住环境与公共活动空间，还显著提升了民众的幸福感；古建筑精美的构件与彩绘、园林里匠心独运的叠山理水与寓意深远的点景题名，无不彰显着中华优秀传统文化的深厚底蕴和匠人们精湛的技艺水平，成为文化传承与发展的重要桥梁；而建设宜居宜业和美乡村是新时代全面推进乡村振兴的有力抓手，也是新形势下需要深入研究和贯彻落实的时代命题。加强园林古建、和美乡村建设，不仅是对生态文明建设的积极响应，更是传承我国优秀传统文化精髓、提升人民生活质量的关键举措，对推动社会全面进步与可持续发展具有深远意义。

在过去的几年里，园林古建行业的企业和同仁们秉持传承与创新的精神，不断突破自我，完成了一个又一个令人瞩目的精品工程。本次出版的《2024 园林古建、和美乡村精品工程项目集》汇集了全国各地园林古建企业的 28 个工程项目。这些项目涵盖了园林景观、古建筑、生态修复、乡村环境整治提升、绿化、街巷改造、铜装饰等诸多领域，无论是设计创意、施工技术还是文化内涵，都具有一定的典型性和示范性，展现了行业的较高水准。其中很多工程在当地省市荣获过优秀园林古建工程奖，也有项目荣获中国风景园林学会科学技术奖园林工程奖金奖，在行业内树立了标杆，为同行提供了宝贵的借鉴参考价值。书中对每个精品工程的工程概况，工程理念，工程建设特色、重点及难点，以及新技术、新材料、新工艺的应用等做了详细阐述，客观介绍了目前我国园林古建筑领域在设计理念、施工技术以及创新做法等方面的先进经验，对业界同行具有很好的示范意义和参考价值。

优秀的园林古建筑工程不仅为人们营造了宜居的生活环境和浓厚的人文氛围，还生动体现了中华优秀传统文化的继承与发展，代表着传承与创新、精益求精的工匠精神，以创先争优的鲜明导向激发园林古建行业高质量发展的信心和动力。希望本书的出版能够为广大同行提供借鉴与参考，也期待更多园林古建企业做出更多优秀、经典的工程项目，共同推动我国园林古建筑行业高质量发展迈上新台阶。

《筑苑》工作委员会

2024 年 10 月

目录 Contents

海珠湿地生物多样性保护修复工程设计施工一体化

——广州市园林建设集团有限公司

设计单位：广州市城市规划勘测设计研究院有限公司

施工单位：广州市园林建设集团有限公司

工程地点：广州市海珠区海珠湿地

项目工期：2019 年 12 月 9 日—2021 年 10 月 9 日

建设规模：149 万平方米

工程造价：6597 万元

本文作者：陈志华　广州市园林建设集团有限公司　董事长

谢永响　广州市园林建设集团有限公司　项目负责人

洪淑媛　广州市园林建设集团有限公司　项目负责人

图 1　海珠湿地南门鸟瞰

一、工程概况

海珠湿地生物多样性保护修复工程设计施工一体化项目包括南门单位工程、海珠湖观鸟栈道单位工程、海珠湖鸟岛单位工程、二期土华涌周边单位工程、生态廊道单位工程。

（1）南门，廊架总建筑面积 $652m^2$，园建面积约 $1800m^2$，绿化面积约 $8000m^2$。

（2）海珠湖观鸟栈道，园建面积约 $800m^2$，绿化面积约 $8300m^2$。

（3）海珠湖鸟岛，绿化面积约 $9800m^2$。

（4）二期土华涌周边，园建面积约 $10200m^2$，监测塔 15 座，绿化面积约 $120000m^2$。

（5）生态廊道，2 座人行廊道。

建设内容包括桩基础、结构建筑、土方回填、换填、场地平整、园建铺装、园林附属设施安装、绿化工程等。

二、工程理念

项目地块内各片区被城市道路分割，导致整体协调性差，原有湿地植物徒长或老化，内部配套设施老旧，景区内鸟类受人类活动干扰过多，植物多样性低，水系淤堵且污染严重，外来水生动物入侵严重，生态稳定性差。

本项目通过疏通水系、改造地形，营造各种生物生境、恢复湿地生态系统，提高生物多样性，提升果林湿地生态服务功能。其主要建设内容为湿地恢复工程、湿地保育工程等。

针对上述建设思路，我们提出以下解决方案。

（1）疏浚湿地水系统，包括 1 条主要河涌、140 条支流和 1600 条果园潮道等 3 级水网，用无动力“水桠”工艺控制系统水位，建设潮汐驱动的弹性水网络。

（2）通过生物介入水系净化流程，修复水污染，降低了内涝洪水风险。

（3）改造传统稻田，将耕道升级改造为水系通道，连通主要河网水系，以潮汐补给养分，形成动物生活和通行的生态廊道。

（4）自主研发遮蔽性强的观鸟栈道幕墙。

（5）通过一系列新工艺及措施的联合应用，构建本土水生动物基因库，完善昆虫、果实、鸟类、水生动物、底栖动物及微生物之间的生态循环，打造集果、稻、虫、鱼、鸟于一体的城央新生态链。

图 2　垛基百果林

图 3　高潮位沙堤栖息地

图 4　增益生态水稻田

（6）基于鸟类行为模式，从鸟类的需求出发，以更具人文关怀及生态友好的视角升级改造鸟岛，通过土壤改良、地形改造、食源滞留、植物配置优化等一系列创新施工技术改善栖息空间。

（7）采用可循环再生的生态新工艺及生物介入手段，解决湿地内涝、污染、高维护问题，并提升区域内生物多样性。

（8）通过自主研发的施工工艺，根据各区域需求营建近自然景观，建造开放式景区空间，连接廊道，模糊城市与湿地的界限。

（9）通过装配式施工技术的应用，提高施工效率，减少现场湿作业对环境的污染。

三、工程重点及难点

项目内各开放片区被城市道路分割，区域难以融汇，整体协调性差。原有湿地植物徒长或老化，内部配套设施老旧，亟待进行景观提升。

旅客游憩区域与鸟岛距离短，鸟类受人类活动干扰过多；且鸟岛面积小，生物承载量饱和，食源供给和栖息地保障难以为继，鸟种之间生存竞争激烈，不利于鸟类繁殖，种群数量低下。

垛基果林景区湿地退化明显，植物多样性低，不利于土壤肥力维持，生态稳定性差；河涌两侧滩涂面积小，潮间带功能被弱化，鸟类食源紧张。

水稻田区生境单一，无法发挥生态功能，与湿地建设目标相去甚远；区域内水系淤堵，污染严重，水道分布不合理，外来水生动物入侵严重，本地物种的生存空间被挤占。

二期入口缺乏湿地近自然景观展示面，功能区划生硬，景观转接突兀，不能满足使用需求；场地利用不合理，景观浮桥建设周期短，工期紧张。

四、工程建设特色

（一）修整地形，疏浚水系

建设 3 级水网，将陡坎直涌改造为蜿蜒河道，包括 1 条主要河涌、140 条支流和 1600 条果园潮道。根据土质要求选择放坡系数，采用 2 台反铲履带挖掘机进行开挖。一次开挖到位，挖至设计深度以上 300mm 处停止挖土，最后采用人工清槽。基坑壁放坡系数选型根据需求采用两种方案：一是放坡系数 1∶0.75；二是放坡系数 1∶0.5，并加固边坡支护。沿河岸铺设松木桩护坡，形成深浅不一、蜿蜒曲折的水道。应用无动力“水桠”工艺，利用潮水动力实现自动灌溉，实现活水循环。

（二）海珠湖鸟岛保育区生境提升

1. 岛域空间质异性丰富

将湿地中央的游人岛改造为鸟岛，加密筑巢林、拓展浅滩、布置枯木及浮排，丰富栖息场所、觅食场所、庇护场所及繁殖场所，使各岛形成独立的水鸟群落。

（1）岛域地形处理及土壤改造提升。对岛域及河岸进行全面平整清杂，并拓展浅滩。在整地过程中根据施工图进行地形的处理改造，并用石磙压平，凸凹高差保证不大于 2cm。确保地形处理得当，符合要求，满足景观需求。在处理的过程中使土壤具有良好的排水透气性和保水保肥能力。土壤结构保持团粒状态，根据湿地植物的生理习性调节土壤 pH 值，使之适合植物生长。

（2）岛域近自然景观植物配置模式优化。种植小叶榕、构树等利于鹭科鸟类筑巢的树种，加密筑巢林，并疏伐其他不利于筑巢栖息的树种。为营造更适合水生及底栖动物生存栖息的自然景观，项目组成员自主研发了一种全新的种植装置及其配套种植技术——“一种水生植物栽种辅助设备及其使用方法”。该栽种器体积小，受水流作用影响小，在水流湍急的地方也可以完成植物的固定和种植，大大提高了水生植物的成活率。种植挺水植物美人蕉、芦苇，沉水植物苦草、轮叶黑藻等，为水生动物营造栖息空间，减少人工痕迹。利用河沙和碎石在沿岸铺设堆砌沙滩和碎石滩，扩大与水的接触面，以及滩涂面积，并在开辟完成的浅滩上铺设双排松木桩、竹排等供鸟类栖息、觅

图 5　海珠湖 1 ▼

图 6　海珠湖——鸟岛

食的仿生态设施。

2. 观鸟栈道可视避险空间及科普设施建设

在沿水岸的观鸟平台上使用自主研发的可视避险空间装置——“一种观鸟步道围栏”。该设施结构简单，便于施工，通过多组叠板和挡板形成围栏，使游客或鸟类在面对围栏时，阻挡游客和鸟类的视线，减弱游客的活动对候鸟的影响；同时，挡板有利于阻挡围栏一侧游客产生的噪声对鸟类的影响，保护鸟类的正常活动，在方便游客观鸟的同时，减少游客对自然环境造成的干扰；另外，围栏结构新颖，具有较好的观赏性，可提高景区的游玩价值；沿栈道布置具有完全自主知识产权的鸟类科普栏——“一种用于栏杆的多功能科普牌”，丰富海珠湖的生态科普功能。

3. 湿地二期生态功能恢复及景观区域营建

（1）垛基果园区域升级改造

采用传统淤泥堆肥工艺，将河底混合着落叶枯枝的淤泥进行翻耕，混合均匀，利用好氧微生物分解有机物的方式进行堆肥处理。处理后的土壤结构保持团粒状态，pH 值符合植物的生理习性，为植物生长创造适宜的土壤环境。对于土壤中可能出现的心土、未成熟土进行熟化处理，采用添加有机复合肥的措施进行改良。对于紧实的土壤要结合机耕细耙和人工耙锄，直到疏松为止。

在大面积保留原有果林的基础上，对病弱果树采取疏伐处理，疏伐后的树木作为鸟类的栖息木使用，形成疏林垛田景观。区域边缘新增补植 54 种四季结果的本土果树品种。百果园湿地区域水道与水稻田、种子库等水生动植物丰富区域水道连通，以便水生动物自然扩散至果林湿地，丰富生态群落结构，为鸟类提供食源，恢复果林生态性。

（2）水稻田生态增益及生物多样性提升

在完成地形修整后，将原本供人行走的耕道改造为生态“鱼道”，引入本地鱼种。种植水稻，形成稻田生态系统，为当地的鱼、蛙、螺、虾、蟹和鸟等多种动物营造适宜栖息地，极大提升区域动物多样性水平，创造良好生态效益。

（3）潮间带近自然景观区域改造升级

根据设计方案进行土方开挖，形成深水区，并在深水区堆堤 8 条，建设栖息地。考虑各种变更因素后，对土方进行综合平衡调配。粗平整时，从地形边缘处逐步向中间收拢，边缘略低、中间较高，使整个地形坡面曲线自然和顺，

图 7　海珠湖——观鸟栈道

图 8　观鸟栈道——植物隔离带

排水通畅，达到设计等高线的要求。

在堤面铺上 0.3m 厚度的河沙碎石，使栖息地成形。为方便鸟类在河滩地退潮时觅食，自主研发了食源滞留设施——“一种河滩地鸟类食源滞留设施”。该设施使用后，增加了鸟类停留的时间和觅食的总量，提升了停留在河滩地的底栖动物和鸟类的多样性，便于水鸟站立进食，从而为水鸟提供全天候觅食空间。

（4）河涌水污染生物治理

应用自主研发的“一种人工湿地污水处理系统”工艺设备，以渗透过滤工艺、水生植物净化工艺及食藻虫净化工艺等自然生物净化污水的技术和方法，形成区域内低污染、可循环、拟自然的，具有自我调节能力的湿地水系统，解决水体污染现状。

在水污染治理中，以往施工常使用的单一介质人工湿地占地面积广，长

图 9　观鸟长廊

图 10　南门沙盘

期运行容易出现堵塞，对水体中存在的污染物去除效果也较差。为了解决上述问题，我们研发了一种多介质生物滤池，与人工湿地有机组合作为核心处理工艺，不仅解决了湿地单元长期运行易于堵塞的问题，还起到了去除悬浮物和磷的作用，具有抗冲击性强、处理效果好、低温耐受度高、管理养护简单、运行能耗及成本低、无需补加菌种、生态景观效果佳等特点。

此外，为改善人工湿地施工效率，提升施工质量，我们利用自主研发的"一种防渗人工湿地系统"，通过将底部膨润土防渗毯与夯实的黏土层、回填土层相结合，提高湿地底部结构

图 11　植物配置 1

图 12　植物配置 2

防渗效果，从根本上解决了防渗结构使用寿命短的问题。该技术拥有施工便捷、构件不开裂脱落、防渗性能强的优点。

4. 入口区环境友好型景观改造

（1）环保工艺技术应用

南门广场入口、花池与廊架之间应用废弃混凝土土板再生工艺，铺设厚混凝土废料、厚深灰色砾石；南门广场铺设厚芝麻灰花岗岩；侧石采用自然面芝麻灰花岗岩；利用蚝壳墙施工技术，通过使用废弃再生材料及生物余料等环保工艺打造环境友好型景观。采用芦苇、菖蒲、千屈菜、鸢尾、金鱼藻等挺水、沉水植物，开辟蜿蜒曲折的河道，堆砌高低错落的岛丘，打造小微湿地，作为城市与湿地内部的边界缓冲区域，同时营造体现生态特色的园林绿化景观入口广场。

（2）装配式景观浮桥施工技术

传统木质景观桥梁一般采用木柱打入河底，再在上面架梁铺设桥面。该技术存在施工效率低、材料易腐蚀、结构稳定性低、不环保等问题。为解决上述难题，项目组研发一种装配式人行景观浮桥施工技术，通过预制定位方桩、预制浮箱、钢梁和 FRP 板组合形成景观浮桥，作业量小，施工速度快，对环境污染小，有效避免积水产生抵抗钢结构热变形的弯矩应力，相对传统工艺施工便捷，后期维护工作少。

五、新技术、新材料、新工艺的应用

以湿地生物多样性保护、生态环境修复为前提，在原有的天然河涌湿地、城市内湖湿地、半自然复合湿地形态基础上疏浚水系，改

图 13　植物配置 3

图 14　海珠湖鸟类栖息、觅食地

图 15　植物配置 4

造地形，打通湿地边界。为此，我们提出三大创新亮点:（1）打造集果、稻、虫、鱼、鸟于一体的城央新生态链，基于水鸟行为模式建设栖息地，采用生态工艺解决湿地内涝、污染、高维护问题;（2）应用7种新工艺，包括传统淤泥堆肥工艺、渗透过滤工艺、食藻虫净化工艺、水生植物净化工艺、无动力“水桠”工艺、废弃混凝土土板再生工艺、蚝壳墙工艺;（3）强化10项湿地核心要素——浅水湿地觅食区、鱼类栖息地、昆虫栖息地、湿地水系净化、城市海绵湿地、垛基果林湿地、缓坡生态岸线、湿地乔木生境、潮间带鸟类栖息地、湿地科普休闲服务。

针对海珠湖及海珠湿地二期生态环境恢复和提升过程中存在的技术难题，提出多项处理方法，经过实验和应用情况形成相关科技成果。

1. 水生植物栽种辅助设备

项目实施过程中，深水区域栽种水生植物受水流作用影响大，水生植物种植时不稳固，易导致植株成活率低，因此项目组研制了一种水生植物栽种辅助设备。该栽植器包括推动桨、种植部、浮空部和固定针。栽种器体积小，受水流作用影响小，在水流湍急的地方也可以完成植物的固定和种植，大大提高了水生植物的成活率。该技术应用于海珠湖、海珠湿地二期深水区域的水生植物栽种。

2. 多介质分散式污水处理生物滤池

为了提高水体中污染物的去除效果，解决湿地单元易堵塞的问题，以多介质生物滤池和人工湿地有机组合作为核心处理工艺，将介质吸附、微生物氧化、固定和生物提取有机结

图16 海珠湖2

图17 海珠湖及湖心岛

图18 南门

合。多介质生物滤池设置厌氧、好氧单元，实现深度吸附、有机物降解、同步硝化反硝化脱氢及富集聚磷菌除磷、嗜油菌降解油类等过程，深度去除 COD、NH3-N、TP、动植物油及石油类。多介质人工湿地中前置多介质生物滤池，不仅解决了湿地单元长期运行易于堵塞的问题，还起到了去除悬浮物和磷的作用，具有抗冲击性强、处理效果好、低温耐受度高、管理养护简单、运行能耗及成本低、无需补加菌种、生态景观效果佳等特点。该技术主要应用于海珠湿地二期。

3. 人行景观浮桥

为解决木质景观桥梁存在的施工效率低、材料易腐蚀、结构稳定性低等问题，项目组研发出一种装配式人行景观浮桥施工技术，采用铝合金浮船的浮力作为景观浮桥的主要受力构件，用锚链连接各个铝合金浮船，保证景观桥的抗水流波动能力。空铝合金浮船盖板上设置注水孔，通过铝合金浮船上注水孔，可以便于调整铝合金浮船吃水深度，保持上部结构稳固平整。通过预制定位方桩、预制浮箱、钢梁和

图 19　装配式人行景观浮桥

FRP 板组合形成景观浮桥，所有构件均在工厂进行预制，现场通过螺栓进行装配施工，湿作业量小，施工速度快，对环境污染小，能有效地避免积水产生抵抗钢结构热变形的弯矩应力，相对传统工艺施工便捷，后期维护工作少。

项目荣誉：

本项目获2023年度中国风景园林学会科学技术奖（园林工程奖）金奖。

图 20　夕阳下的海珠湖▼

杭州国家版本馆铜装饰工程

——杭州金星铜工程有限公司

设计单位：中国美术学院风景建筑设计研究总院有限公司

浙江省建筑设计研究院有限公司

施工单位：杭州金星铜工程有限公司

工程地点：浙江省杭州市余杭区

项目工期：2021 年 7 月—2022 年 7 月

建设规模：总建筑面积 10.3 万平方米，使用铜材 245 吨，用铜面积 2 万平方米

本文作者：傅春燕　杭州金星铜工程有限公司　总经理

叶　欣　杭州金星铜工程有限公司　技术工程师

朱军岷　杭州金星铜工程有限公司　董事长

图 1　杭州国家版本馆

图 2　杭州国家版本馆入口

图 3　风景如画的杭州国家版本馆

图 4　杭州国家版本馆俯瞰图

一、工程概况

“求木之长者，必固其根本；欲流之远者，必浚其泉源。”版本是记录历史、见证文明的“金种子”。2019 年，“中华版本传世工程”启动，在“一总三分”的选址布局中，杭州被选中，充分体现了党中央对浙江历史文化的肯定，自此浙江担负起赓续中华文脉，安全保存、展示推广古籍资料的重要政治任务。一脉千秋，版本源流。建设中国国家版本馆，是党中央作出的重大决策，是创建文明强国的基础性工程。

钟灵毓秀，文润江南。2022 年 7 月 23 日，杭州国家版本馆（中国国家版本馆杭州分馆）终于华丽亮相。在仿佛是宋人山水画的建筑意境中，呈现了浩如烟海的中华典籍版本和中华文物。

二、工程理念

1. 设计理念

杭州国家版本馆又名“文润阁”，是中华人民共和国成立以来浙江省规格最高的文化工程，是国家“十四五”规划中的一项重大工程，更是文化浙江建设的窗口工程。文润阁围绕“民族文化 + 宋韵 + 浙江特色 + 现代元素”的战略定位，打造成为具有浙江特色的中华版本资源灾备中心和中华文明种子基因库，肩负保存版本资源的重任。

项目选址地在杭州市良渚文化遗址

保护区东侧的狭长废旧矿区之上，由中国首个普利兹克建筑奖获得者——中国美术学院王澍教授团队担纲方案主创设计，其中铜装饰、建筑铜工程由中国工艺美术大师、国家级非遗铜雕技艺代表性传承人朱炳仁、朱军岷两位大师领衔建设；项目一期总建筑面积 10.3 万平方米，包括主书房（主馆一区）、主馆二至五区、附属用房和山体库等 13 个单体建筑。建筑累计浇筑混凝土约 20 万立方米，使用铜材 245 吨，用铜面积 2 万平方米。

整个项目围绕“宋韵”和“文润”破题，对宋代文化在深入研究和理解上进行创造性转化、创新性发展。设计在空间上充分尊重自然，在材料上充分体现生态现状，学古而不泥古，破法而不悖法，让宋韵建筑在现代得以精彩呈现和生动传承。

2. 材料选择的理念

基于宋韵建筑的当代表达这个设计理念，建筑材料的选择也落实到自然与真实的建造中。建筑材料作为塑造建筑空间形态、传递建筑设计艺术、表达建筑生命情感的第一媒介，在建筑设计中的发展和应用是建筑技术性与艺术性的统一体现。在杭州项目的设计中，建筑材料采用了自然、可持续的材料，在契合生态保护的基础上赋予更有韵味的表达。本次项目设计中运用了最具特色的建筑材料——青瓷和铜。青瓷和铜源于国家非遗技艺龙泉青瓷和杭州铜雕，是

图 5　杭州国家版本馆南大门

图 6　杭州国家版本馆青瓷与铜结合的大门

图 7　杭州国家版本馆核心建筑主书房

图 8　青瓷板与青铜卡条

图 9　施工基本完成的主书房铜瓦

杭州国家版本馆项目彰显宋韵底色这一主旋律中的重要音节。

设计者将多种材料叠加，如将龙泉青瓷技术和杭州铜雕技艺结合、设计双曲面青铜瓦和铝镁锰一体化层面，青铜绿自由渐变纹样随性变幻，使材料与技艺充分碰撞。

在设计者与工匠双向奔赴地创新创造下，铜这种自带文化与质感的基础材料得到技艺的解放，谱写出了灵动的宋韵美。

3. 铜在项目上的运用

（1）青瓷与铜艺的碰撞

杭州版本馆屏扇门上大规模创新性地使用了浙江龙泉青瓷材料，在安装过程中，考虑到美观性、安全性、造价和未来拆卸问题，由王澍教授提出在幕墙安装金属卡条来固定的方式。这种明露的安装构造设想，使得铜本身的质感与青瓷的色感相衬，最终选用横向安装的方式。大跨度一体化门扇最长达 10.4 米，门钢框四周采用铜板包边形式，最终实现仅 220 毫米的成品厚度。这一形式有两大优势，一是铜条色泽可经过反复加工，与青瓷色相适配；二是这一形式方便未来青瓷板的安装和替换。

（2）双曲面青铜技艺与铝镁锰一体化屋面

文润阁、南书房、南门、主书房、中亭均采用青铜板饰面，这是该项目的又一创新点。此次平面铜板屋面总面积达 1.5 万平方米，是同类建筑规模之最，大大拓展了铜瓦、铜幕墙的装饰范围。主书房整体屋面的曲线是设计的点睛之笔，其由传统单曲瓦屋面的形式发展而来，同时屋面创新的造型和特殊的曲面也给施工带来了很大的挑战。

三、工程重点及难点

1. 杭州国家版本馆双曲面屋面的结构形态

本项目创新点众多，无可借鉴经验，规范标准尚为空白。以双曲面屋面为例，杭州国家版本馆主书房用铜面积大，造型复杂，为非中轴对称的三段式双曲屋面。主书房北高南低，设有两道南北屋脊线，整个屋面划分为东曲面、中曲面、西曲面三个曲面，其中北侧檐口由三段高低不同的曲线组成，南侧檐口为一条曲线。创新的造型和特殊的曲面给设计施工带来了巨大的挑战，保证屋面上三个曲面造型成了一项重大难点。在确保铝镁锰屋面成品保护和安全施工的前提下，铜屋面及檐口的高精度安装是本工程的施工重点。

在深化设计时发现原建筑曲面和标高无法满足建筑构造和功能需求，其关键控制点和线南北两侧需要提高标高，提高后将造成建筑南北立面檐口曲线的变化，以及封檐板高度的相应增高。为精确保证屋面这三个曲面造型，经过多次方案演算推敲，最终确定在铝镁锰屋面上方安装三道龙骨，铜瓦在龙骨之上通过单元尺寸和搭接方式排布，在相邻平板瓦之间留窄缝，从而与底部龙骨固定，组成一个前后错缝叠合的连续体系。

2. 杭州国家版本馆双曲铜屋面的施工安装

杭州国家版本馆双曲铜屋面在施工安装时也解决了诸多难点。曲面测量难，工程实际施工精度与图纸存在一定的偏差。其中主书房安装青铜饰面时，铝镁锰屋面比设计整体向北偏移了 100 毫米。为解决此问题，团队临时调整南北檐口转换件的局部构件，最终使铜屋面按设计定位向南修正了 100 毫米，以确保屋面与设计相符。

图 10　主书房铜屋面效果图

图 11　主书房屋面三个双曲面示意图

图 12　杭州国家版本馆龙骨加工

南大门屋面的原设计为双曲面屋面，但经深化设计后，铝镁锰层变成了不规则扭曲的多曲面屋面，这就需要铜装饰屋面对屋面的外形进行修正，在保证屋面曲面相对顺滑的同时，确保屋面水流向水槽。由于铝镁锰曲面已是异形，按现状檐口高度安装会导致铜屋面不能形成完美曲面，经过反复设计沟通，团队做出脱离铝镁锰曲面、建立独立结构转换层的决策，最终铺设 1843 件常规尺寸铜瓦、268 件不规则铜瓦，使屋面达到完美曲面效果。

3. 杭州国家版本馆铜屋面的色彩处理

杭州国家版本馆青铜板装饰屋面关于青铜材质“色”的表达，主要包括颜色、肌理。为搭配主体建筑，铜表面需要达到自然斑驳的效果。经过研发，确定铜板表面采用高温预氧化着色工艺。该工艺主要应用在工艺品和艺术品雕塑的表面处理，在工程类项目大面积使用还是第一次。经过反复实验试错研究和重重工序，将传统黄铜由本色氧化为色彩质朴的深灰色，并且打磨出深浅不一的肌理，从而突出铜的质感，营造出铜板自然的肌理纹和釉色。在强调建筑视觉特征的同时，也呼应了自然和生态的美学价值观，为整体建筑效果带来深远的意蕴。

四、新技术、新材料、新工艺的应用

1. 新材料的应用

铜装饰材料作为杭州版本馆项目的创新体现，对奠定参观基调起到重要作用，同样向人们传递了历史文化意蕴。为满足建筑需求，工程必须以高标准、高质量完成，但该项目的创新性和高精度施工要求着实为设计施工带来了诸多难点。

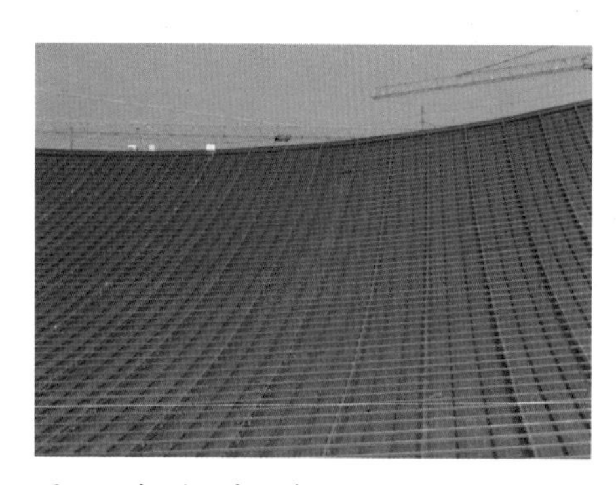
图 13　杭州国家版本馆屋面不锈钢结构

图 14　杭州国家版本馆屋面焊接

图 15　铜瓦偏移示意图

图 16　铜瓦色板样品

图 18　建设中的杭州国家版本馆

图 17　铜瓦最终呈现

图 19　杭州国家版本馆铜瓦数字化模型

2. 新技术的应用

本项目的金属屋面为双曲面造型，为了实现金属屋面的防水构造及外观要求，采用双层金属屋面结构。第一层是直立锁边屋面，用于防水；第二层为叠瓦形式的铜蜂窝复合板，表面仿铜处理。金属屋面的复杂曲面造型给板块的加工及安装定位带来很大困难，设计、加工、安装全过程采用 BIM 技术进行精准三维建模，对整个屋面形状的每个板块都进行建模分析和数据化处理，确保图模一致、现场施工与模型完全一致。

3. 新工艺的应用

一方面，双曲面铜屋面的着色技艺，需要经 17 道工序完成，由经验丰富的工匠手工精细操作，上色动作多时可达上千次，耗时较长，对专业度要求极高。另一方面，由于着色工艺复杂，颜色难控制，经多次打样后才得以确认。在安装过程中受施工现场场地的局限，部分划伤的铜板须返厂重新进行表面工艺处理，大大增加了材料的损耗。

图 20　杭州国家版本馆水榭

五、结语

宋韵最杭州，风雅满凤仪。杭州版本馆风华初露，将东方建筑美学的姿态展现在世人面前，将中华版本文化和宋韵意志融入建筑，并赋予鲜明的时代气息与全球化的艺术视野，延续了古老东方的美学底色。设计与施工的过程是文化寻迹的新途径，也是赓续传承、创新创造的生动诠释。

由朱炳仁、朱军岷两位大师领衔建设的朱炳仁铜建筑，将传统材料和现代技艺结合起来，用一贯超强的前瞻力和创造力，助力杭州国家版本馆建设，传承和发扬我国传统文化底蕴，使建筑呈现出最佳效果。杭州版本馆的呈现，基于我国深厚的文化力量和民族意识，透过对浙江文化的深入分析，以传承与创新的精神，经过时代交融和审美进阶，杭州版本馆将使“现代宋韵”文脉绵长。

项目荣誉：

本项目获 2022—2023 年度中国建设工程鲁班奖（国家优质工程）。

南宋德寿宫遗址博物馆

——杭州金星铜工程有限公司

设计单位：浙江省古建筑设计研究院有限公司

施工单位：杭州金星铜工程有限公司

工程地点：浙江省杭州市上城区

项目工期：2021 年 3 月—2022 年 12 月

建设规模：用铜 42 吨，4000 平方米铜装饰

本文作者：林罗胜　杭州金星铜工程有限公司　技术总监

叶　欣　杭州金星铜工程有限公司　技术工程师

陈兴镳　杭州金星铜工程有限公司　技术工程师

图 1　南宋德寿宫遗址博物馆

一、工程概况

2022 年 11 月，万众期待的南宋德寿宫遗址博物馆正式对外开放。

德寿宫位于杭州中河中路望江路口、河坊街东延。作为南宋皇城大遗址综合保护工程“开山之作”，德寿宫遗址博物馆历时两年建设完成，展示露明遗址面积达 4000 多平方米，是一座依托德寿宫遗址，以保护、研究、收藏和展示遗址本体及出土文物为主，同时展示南宋历史文化和文物遗产的遗址专题博物馆。

南宋德寿宫遗址保护展示工程暨南宋博物院（一期）项目是杭州市高水平打造宋韵文化传承展示中心的核心工程之一。这座重现南宋高宗、孝宗时期皇家宫殿风貌的宋韵文化传世工程，将成为杭州首个规模性展示南宋历史文化的重要载体。

在南宋德寿宫遗址保护展示工程中，杭州金星铜工程有限公司完成了慈福宫铜殿、遗址保护厅建设和巨幅冷彩铜壁画《千里江山图》，为项目建设贡献了“非遗铜艺”力量。

二、工程理念

宋韵今辉，一脉相承。地处杭州城南的“临安城遗址”，正是南宋留给杭州最大的文化遗产。凤凰山麓的宫城、望仙桥东的德寿宫，一南一北，号称“南内”与“北内”，是临安城最具历史象征意义的文化标识。目前建成的南宋德寿宫遗址博物馆，综合采取露明展示、

图 2　南宋德寿宫遗址博物馆航拍图

图 3　德寿宫遗址

地表模拟和形象复原立体展示等形式，打造约 4600 平方米的保护厅，在保证安全前提下，基本恢复重华宫和慈福宫的建筑格局。

约 900 年前，宋高宗、吴皇后、宋孝宗、谢皇后，他们先后来这里“退休”居住，他们的住处，象征着南宋官式建筑，尤其是宫殿建筑的最高水平。如今，德寿宫遗址重见天日，即使现在已经没有当时精致的建筑和园林，但“遗址 + 时间”的组合，就足够为历史填空，为想象留白。

1. 慈福宫铜殿

为了更好地实现对宋代遗址的有效保护，同时满足游客观赏的需要，与中区重华宫大殿屋面采用的陶土瓦不同，慈福宫采用的是“钢骨铜皮”的现代铜建筑材料，外观仍然是宋代式样的“工字殿”。

这座三开间的大型建筑呈前后殿相连的工字殿格局，前殿为重要的礼仪空间，后殿为寝殿。此次“复刻”的主要是前殿，用于陈设南宋临安城考古成果展，介绍临安城的选址、特色和功能区划。

据了解，慈福宫工字殿是国内唯一一个原址复建的工字殿，而且完全恢复了遗址的宫殿中轴线，甚至在原址做到了同位置柱子的上下空间延伸，充分展示遗址与保护建筑的空间关系。

2. 冷彩铜壁画《千里江山图》

宋代 18 岁的天才少年王希孟用矿物颜料在绢上作画，画出了“只此一卷，只此青绿”的《千里江山图》。900 年后，一位 78 岁的铜艺大师，将这曲锦绣河山的华丽乐章刻在了铜壁画上。

在“重见天日”的德寿宫西区慈福宫工字殿外，朱炳仁创作的巨幅冷彩铜壁画《千里江

图 4　德寿宫红墙

图 5　南宋德寿宫遗址博物馆主体建筑上梁大吉

山图》六联长卷，长 14.4 米，宽 1.2 米，从设计、绘画到制作，历时 4 个月完成，以恢宏的气势“再现”了中国山水画史诗级代表作《千里江山图》的壮丽景观。

作为国家级非遗技艺——杭州铜雕的代表性传承人，朱炳仁一直以铜为媒，致力挖掘这座古老城市里令人骄傲的传统文化底蕴。“中国十大传世名画”之一的《千里江山图》正是宋韵文化的代表，他以此为灵感，创作了众多“千里江山系列”作品。

图 6　慈福宫铜殿

三、工程重点及难点

浙江正在实施“宋韵文化传世工程”，杭州的老百姓和来杭州的游客都有一个愿望，就是能亲眼目睹一些宋式建筑的面貌。那么在遗址之上，如何让观众看见宋代德寿宫的风华，就需要建筑充分还原“宋韵美学”，从整体布局到构件细节都有史可据。

德寿宫内值得仔细考量的地方繁多，细节更甚，例如屋顶的脊兽样式，宫殿内场景布

图 7　朱炳仁大师和德寿宫千里江山图

图 8　德寿宫《千里江山图》铜画

局的复原设计，卷刹、柱子用料用色，藻井图案，椅子数量及摆位等。设计团队多次奔赴宁波保国寺——现存最有名的宋代建筑，去追寻细节。同时，结合宋代《营造法式》，以最大限度复原南宋时期面貌。

慈福宫的一砖一瓦所用材料虽为铜制，形制和纹样却都源于出土文物。

四、新技术、新材料、新工艺的应用

1. 新技术的应用

杭州地下水位高、地下水含盐量高，气候潮湿多雨，这种地质和气候条件对遗址的保存非常不利。经过反复科学实验和对比分析，最终采取一系列国内先进的综合措施和工程技术手段。例如采用渠式切割装配式地下连续墙施工法，在止水防渗墙施工过程中插入混凝土预制板材，再由其上完成铜建筑主体结构。此技术形成的钢筋混凝土地下连续墙集挡土与截水功能于一体，可以有效保护遗址，又与铜建筑结构相结合，大幅度减少了工程量。

2. 新材料的应用

铜材料资源稀缺，性质稳定，自古有“类金”的说法。铜独特的质地和色泽赋予铜瓦一种天然的贵气感，故铜瓦千年不朽，流传世代。铜具有良好的延展、拉伸、锻打等物理属性，因此可以根据不同形制的建筑屋面需求，结合数十种造型成型工艺。同时，铜质地绵密，表面可以进行各种特殊工艺处理；铜也是一种举世公认的绿色金属，可以 100% 被回收和循环利用，符合可持续发展理念。

3. 新工艺的应用

冷彩铜壁画《千里江山图》的创作应用了大量新工艺。在壁画色彩呈现方面，用最纯净、最鲜艳的三原色描绘“千里江山”锦绣山河。在绘画结构上，以铜色线条为中心，用不规则几何画面，呈现整体的山形特征。在工艺表达上，通过蚀刻和冷彩工艺，一刀一刻入铜三分，使壁画分外雄浑壮阔，又颇具当代艺术的先锋性。

而如何呈色，又是一个难题。据朱炳仁介

图 9　德寿宫遗址保护区一角

图 10　德寿宫慈福铜殿飞檐

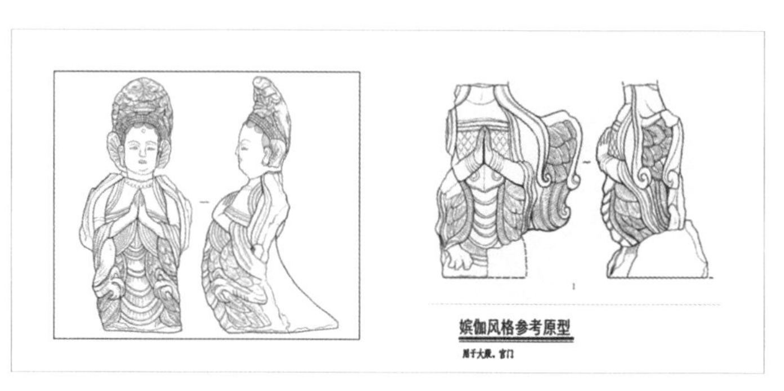

图 11　德寿宫嫔伽风格参考

图 12　德寿宫嫔伽泥膜

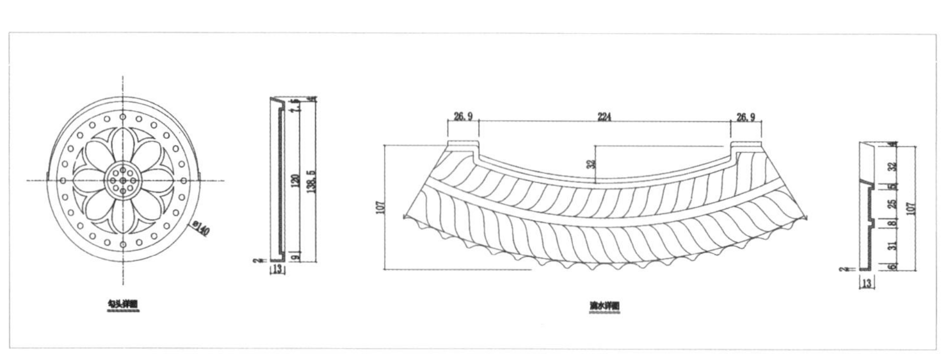

图 13　德寿宫瓦当纹样

绍，“着色的区块复杂、工序烦琐，在颜色的延伸、过渡方面必须自然、谨慎对待，否则会太过呆板，失去神韵”。壁画上的颜色采用多种传统工艺结合现代科技手段，特别是耗时多年研发而成的多层次冷彩技艺，一遍遍喷染，一重重着色。原本国画描绘的技巧，都被用在了铜壁画上。

五、结语

德寿宫遗址博物馆不仅是对南宋宫苑景观的再现，也是对历史的深度追寻和探访，更是对当代宋韵文化的呈现和诠释。遗址保护工程既保留了传统建筑的特色，又融入了现代科技和工艺，是古典文化、现代科技和时尚元素的完美结合，是遗址保护、展示与名胜古迹重

图 14　德寿宫遗址幕墙与红墙

图 15　德寿宫铜门

图 16　德寿宫铜屋面系统

图 18　德寿宫铜制吻兽

图 17　德寿宫吻兽泥膜

建、利用的成功范例。

宋韵，是多元包容、百工竞巧、追求卓越、风雅精致的文化气象，是日常生活领域的物质之韵、生产技术领域的匠心之韵、社会运行领域的秩序之韵、发现发明领域的智识之韵、学术思想领域的思辨之韵、文学艺术领域的审美之韵。

文化，积淀了对真的追求，开启了对美的感知。我们深切感受到，传统文化正在回归属于她的舞台。其背后是中国人文化心态的逐渐转变，对传统文化的审美需求不断上升，和面向世界日益增强的文化自信。穿越千年，宋韵文化沉淀的智慧是一座富矿。现在的中国，正期待更多的“宋韵”，更多的“德寿宫”。

项目荣誉：
本项目获 2023 年度杭州市建设工程西湖杯奖（优质工程）。

图 19 《千里江山图》铜线条与不规则几何

图 20 德寿宫内部陈列

河南新郑黄帝故里园区标志性建筑——寻根门

——杭州金星铜工程有限公司

设计单位：华南理工大学建筑设计研究院有限公司

施工单位：杭州金星铜工程有限公司

工程地点：河南省郑州市新郑市黄帝故里园区

项目工期：2021 年 11 月 23 日—2022 年 3 月 15 日

施工规模：长 59 米、高 17.35 米、宽 13.5 米的大型铜建筑，用铜面积达 8000 平方米

本文作者：傅春燕　杭州金星铜工程有限公司　总经理

朱乾华　杭州金星铜工程有限公司　技术工程师

谢帮强　杭州金星铜工程有限公司　厂长

图 1　黄帝故里寻根门

图 2　壬寅年黄帝故里拜祖大典盛况

图 3　改造后的黄帝故里园区及黄帝像

一、工程概况

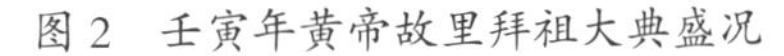

三月三，拜轩辕。2022 年 3 月 25 日（农历三月初三），以“同根同祖同源，和平和睦和谐”为主题的壬寅年黄帝故里拜祖大典在河南省新郑市黄帝故里举行。黄帝故里园区以崭新面貌亮相于全球华人面前。全新开放的黄帝故里园区旌旗招展、庄严肃穆，众多来自海内外的华夏儿女汇聚在这里，共拜轩辕黄帝，祈福祖国繁荣昌盛，祝愿世界和平和睦。

早在春秋战国时期，河南新郑就有农历三月初三拜轩辕的习俗。2006 年，新郑一年一度的拜祖活动升格为黄帝故里拜祖大典；2008 年，拜祖大典仪程被国务院列入国家级非物质文化遗产名录；2015 年起，经党中央、国务院批准，黄帝故里拜祖大典每年举办，成为海内外华夏儿女寻根拜祖的盛大节日。

2020 年 5 月，黄帝故里园区提升工程正式启动，该工程是华人翘楚集体智慧的结晶。项目前期总体规划由清华大学教授、著名古建筑专家郭黛姮担纲；华南理工大学何镜堂院士团队负责园区的详细规划、建筑单体、室内设计及园林景观，铜装饰、建筑铜工程由中国工艺美术大师、国家级非遗铜雕技艺代表性传承人朱炳仁领衔；黄帝像重塑工程由中央美术学院孙伟、段海康教授等创作，国家非遗石雕技艺传承人刘红立大师完成雕刻。

图 4　改造前的黄帝故里园区

图 5　壬寅年黄帝故里拜祖大典环节

图 6　黄帝故里园区方案图

图 8　黄帝故里标志性建筑寻根门

图 7　黄帝故里寻根门和系祖坛

二、工程理念

在何镜堂院士看来，建筑的重大任务之一是记录时代。建筑需符合“两观三性”建筑理论体系框架，即建筑设计要有整体观、可持续发展观，体现地域性、文化性、时代性。

《史记》中曾经出现“黄帝采首山铜”和“轩辕有土德之瑞”的历史记载。为了体现历史的延续传承，黄帝故里园区主体建筑主要使用了紫铜和黄色花岗岩两种材料。

越是简单的材料，越能体现厚重感、历史感和古朴感。园区以“大巧若拙、自然成器”为设计理念，使用铜和黄色花岗岩这类厚重材料，体现建筑的永恒性、纪念性、神圣性，创造出千年永固、永世流传的经典中国式殿堂建筑，突显黄帝故里是中华民族神圣的拜祖圣地。

据统计，黄帝故里园区整个提升工程共使用了超过 10 万平方米的紫铜板和超过 10 万吨的黄色花岗岩。

黄帝故里园区建设之所以选用铜作为建筑的主材，朱炳仁大师表示：“铜是中国人最早应用于生活的金属材料，中华文化史就是一部铜文化史。我们怀着对黄帝的崇敬之心，完成了黄帝故里园区铜装饰工程，黄帝故里这个

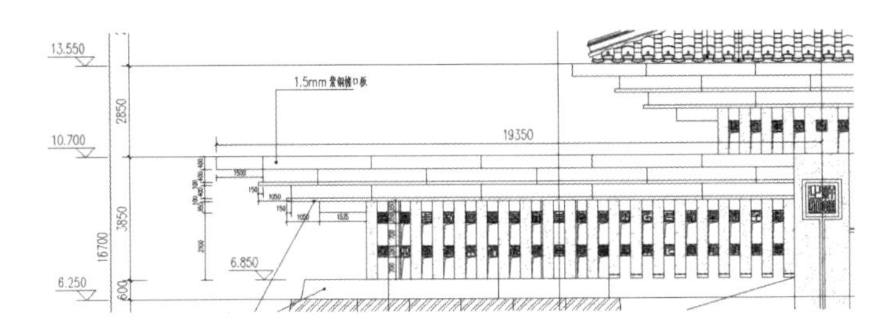

图 9　寻根门的“九五”数字

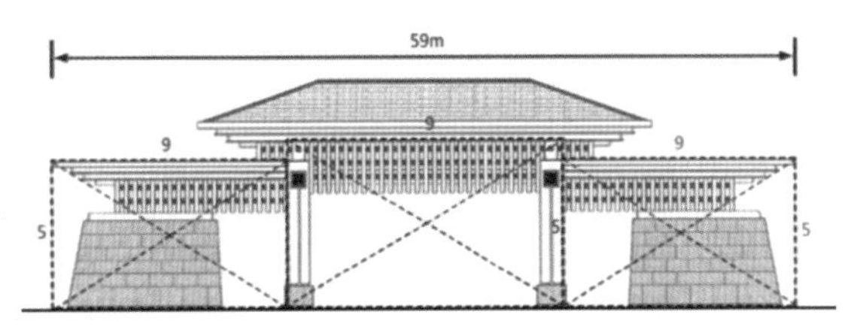

图 10　寻根门叠涩檐立面示意图

铜建筑是史无前例的，不管是用铜量、建筑形制、创造理念还是铜的技艺，都有巨大的突破。她是我们当代人集体智慧的结晶，是我们传承古人，留给后代，留给历史的文化经典。”

三、工程建设特色

寻根门是黄帝故里核心园区序列的初始和形象入口，是游客步入景区游览的仪式性、标志性建筑，对奠定参观基调有着重要的作用。

寻根门位于黄帝故里园区入口，作为千家百姓归宗之门，是海内外华人前来故里园区拜祖的第一站，是游客进入园区揽胜寻根的必经地，独具韵味，将成为黄帝故里园区和城市的新地标。

以寻根门为界，其南为快速发展朝气蓬勃的城市面貌，其北为古韵悠然、典雅独具的历史风采。用寻根之门，作为游客寻根拜祖的起点，承继时空，以期在历史与未来之间描绘新郑气韵。

寻根门的主体设计，化用了中国传统建筑——牌坊的形象，以三开间大门形象示外，主体呈古典的三段式，并用现代手法重新转移。寻根门正间屋顶采用庑殿顶、覆紫铜瓦，次间采用钛锌平板瓦，檐下铺作层简化为三轴交错方形椽子，基座正间柱础和次间基座采用实心石块，体现寻根之门意向，游客步入，开启寻根之旅。

寻根门规模之宏大、造型之雄伟均为世间罕见。寻根门宽 59 米，高 17.35 米，进深 13.5 米，钢骨铜皮，用铜面积达 8000 平方米。寻根门的设计充分运用九五数字，正立面纵面宽 59 米，按照 9∶5 的比例进行立面尺寸控制，大门单个石块墙由 59 块整石块砌筑，寓意九五之尊。

牌楼上部有密檐叠涩 6 层。叠涩檐之间是极矮的直壁，各层檐宽自下而上递增，使之外轮廓呈现放射感造型，更显庄重大气。

寻根门坐北朝南，中间门洞正面牌匾上书“黄帝故里”，背面则写着“共祖同源”。

寻根门共排列椽子 635 根，每根椽头错落向外延伸，参差有序，极富秩序之美。635 根椽子交叠，每根椽头上，都有用贴金工艺、篆书撰写的中华姓氏，象征了华夏儿女千家百姓团结一体。

自寻根门延伸到轩辕殿的拜祖道长达 500 米，宽 18 米。这条纵贯南北拜祖道的中心甬路，由二百多块巨石铺就，石面弧形，彰显天地之轴。

图 11　黄帝故里牌匾

图 12　寻根门背面共祖同源

四、工程重点及难点

寻根门作为黄帝故里核心园区的序列初始和形象入口，对奠定参观基调起到重要作用。为了满足业主和建筑师对标志性建筑的建设要求，工程必须快速、高质量完成。

1. 寻根门的文化属性及建筑呈现

建设一个能够诠释黄帝故里园区乃至代表郑州、代表河南的标志性建筑，承续新郑千年雅韵，诠释过去与未来的融合，做到简约而不普通，需要建设单位具备强大的二次深化能力和历史文化底蕴，以圆满实现建筑师的设计构想。

2. 建筑结构复杂，交界面多，体量巨大

寻根门是面宽 59 米、高 17.35 米、进深 13.5 米的大型铜建筑，用铜面积达 8000 平方米。其中，檐口的 635 根椽子交错排布，交界面众多，体现寻根门的细节，这就要求必须保障工程的高质量完成，给工程施工增加了更多的挑战。

3. 单独色彩的色差控制

建筑色彩需把握整体统一协调，特别是紫铜在浅色彩处理时较容易出现偏色。单色彩的色差把控与协调是本项目的难点。同时，金属建筑表面耐腐蚀工艺决定建筑效果的年限，也是本工程的难点。

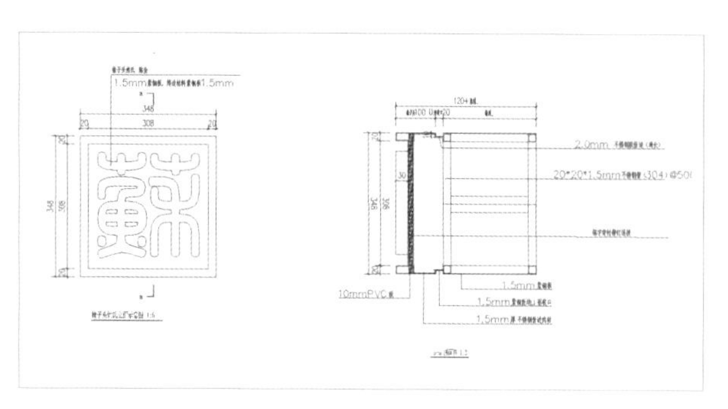

图 13　寻根门椽子头姓氏立面、剖面示意图

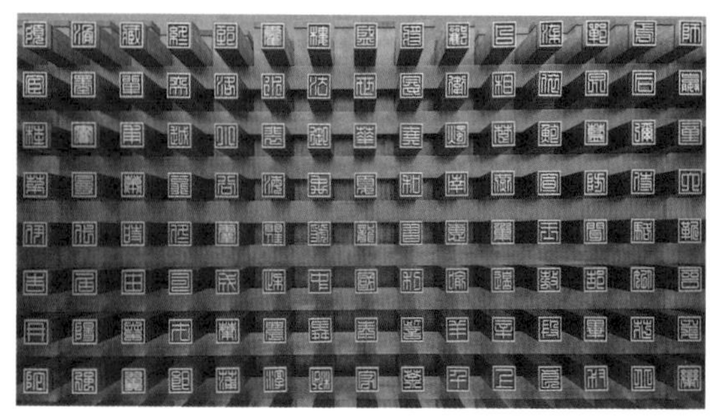

图 14　寻根门椽子头姓氏图

图 15　金星铜设计施工团队在寻根门建设现场

图 16　寻根门椽子安装

五、新技术、新材料、新工艺的应用

1. 新材料——紫铜材料

与大多数铜建筑应用黄铜材料不同，黄帝故里项目大面积地使用紫铜作为铜装饰材料。紫铜，因其具有玫瑰红色，表面形成氧化膜后呈紫色，故一般称为紫铜，又称红铜。

紫铜与黄铜在建筑装饰上的差别巨大。首先，材料成分不同。黄铜为铜和锌的合金，铜含量在 60% 左右，而紫铜接近于纯铜，铜含量在 99% 以上，故而黄铜和紫铜在成分和外观有巨大不同。其次，材料强度不同。黄铜的材料强度比较高，硬度比较大，而紫铜质地偏软，可塑性更强。

为了表达历史的厚重感与纯正感，呈现“大巧若拙、自然成器”的设计理念，何镜堂院士团队最终选用了紫铜这种最纯正的铜材料。

2. 新工艺与新技术——紫铜材料花斑纹着色技艺

色彩是建筑设计的重要表达形式，在设计中巧妙地应用色彩感情规律，充分发挥色彩的作用，能引起大众的广泛注意和兴趣，产生想象和共鸣。不同的色彩可以产生不同的暗示，直接关系到环境氛围的创造。为了完成大道至简的色彩演示，营造古朴庄重的艺术空间，朱炳仁铜建筑研发了紫铜材料花斑纹着色技艺。

黄帝故里项目的“花斑纹着色”工艺技法，是由朱炳仁和朱军岷两位铜艺大师传承古代着色技艺，结合当代科学技术共同开发的工艺技法。与高温着色的技法不同，“花斑纹着色”工艺技法属于冷着色。在常温下用精配的溶液或浸、或喷在铜材表面，并以独门技艺控制溶液氧化速度，如此反复多次成功氧化着色。着色后的铜材告别采用单一的铜色，每一块构件形成独一无二而又自然流动的肌理斑纹。铜色的暖光，若落日余晖，增加了铜板的色泽层次感。

六、结语

黄帝故里的规划将地域文化与时代背景融为一体。以寻根门为代表的故里园区建筑，风格不拘泥于具体朝代，将中国传统建筑与当代建筑融会并蓄，超然于时间地域观念之上，以反映先祖所开创的五千年中华文明的薪火相传、繁荣昌盛。

“浩浩五千年，从浑朴走来；汤汤铜文化，向绚烂迈进。”由朱炳仁、朱军岷两位大师领衔的朱炳仁铜建筑作为铜建筑专家，在此次黄帝故里园区铜建筑营造中将传统材料与现代技艺结合，尽显恢宏大气、庄重典雅。寻根门坐落在黄帝故里入口，向世人展现的是新时代文化地标建筑的厚重文化底蕴、强大文化自信，以及继往开来的豪迈精神气魄。

图 17　紫铜与黄铜材料对比

图 18　花斑纹着色工艺技法

图 19　黄帝故里花斑纹铜板

图 20　落日余晖中的寻根门

河南新郑黄帝故里园区核心建筑——轩辕殿

——杭州金星铜工程有限公司

设计单位：华南理工大学建筑设计研究院有限公司

施工单位：杭州金星铜工程有限公司

工程地点：河南省郑州市新郑市黄帝故里园区

项目工期：2021 年 12 月 3 日—2022 年 3 月 15 日

施工规模：长 71.2 米、宽 49.7 米、高 25.7 米的大型铜建筑，结合 3600 平方米的铜瓦屋面以及约 18000 平方米的铜装饰

本文作者：林罗胜　杭州金星铜工程有限公司　技术总监

叶　欣　杭州金星铜工程有限公司　技术工程师

何栋强　杭州金星铜工程有限公司　技术工程师

图 1　黄帝故里拜祖广场俯视图

一、工程概况

四海一脉归故里，万姓同根拜轩辕。2023年4月22日，农历三月初三，癸卯年黄帝故里拜祖大典在新郑黄帝故里隆重举行。社会各界代表及近百家新闻媒体约2500人参加大典，同拜轩辕黄帝，共祝国富民强。

走进新郑黄帝故里，叩开历史的大门，当天上午，黄帝故里园区庄严肃穆、大气恢宏。黄帝故里朝拜序列在功能与形式上传承与延续了典型的中国传统中“一轴双环”格局，形成规制严谨的礼仪空间。拜祖嘉宾们郑重佩戴黄帝丝巾，进寻根门、经系祖坛、过轩辕桥，缓步来到拜祖广场。广场正北端轩辕殿坐北朝南，位列中轴，庄严肃穆，伴随着气势恢宏的音乐，轩辕殿上黄色帷幕缓缓升起，黄帝像隆重亮相。全场肃立，嘉宾们怀着无比崇敬的心情向黄帝像鞠躬致敬。轩辕殿是祭拜黄帝的重要场所，也是黄帝故里园区改造扩建项目的核心建筑。周边环绕的景观游廊，衬托出轩辕殿是中轴线上的核心建筑。行之至此，感受到中华文明是如何从这里掀开篇章，迸发生生不息的力量，明白何以“行走郑州，读懂最早中国”。

图2　癸卯年黄帝故里拜祖大典现场盛况

图3　黄帝故里系祖坛、黄帝祠和轩辕殿▼

图 4　黄帝故里轩辕殿

二、工程建设特色

轩辕殿设计构思为“初祖圣地，同根祖殿”。

轩辕殿工程是为适应新时代的祭祀要求而建设的纪念性建筑，其设计特点可概括为山水形胜、一脉相承、天圆地方、大象无形。轩辕殿整体以石材、紫铜为主材建设，殿宇做三级高台，石材与紫铜做墙身立面，檐下叠涩密檐，庑殿式屋顶，中庭直径九丈穹宇，寓意天下九州苍穹，在建筑格局上展现出明显的民族文化特征，风格上与传统建筑一脉相承又具有浓郁的新时代气息。作为祭拜广场中体量最高大、形象最突出的主体建筑统领全局。

轩辕殿采用传统建筑设计理念，主体为钢筋混凝土结构，长 71.2 米，宽 49.7 米，高 25.7 米。运用 14400 平方米的幕墙面积，结合 3600 平方米的铜瓦屋面，以及约 18000 平方米的铜装饰，紫铜从殿外一直延伸至殿内，成为中国迄今为止最大的单层檐全紫铜建筑，其铜艺规模宏伟壮丽、世间罕见。外墙堆砌石材用量约 1580 立方米，地铺石材用量约 1360 立方米。主要建设内容包含桩基础、主体结构、钢结构屋架、紫铜屋面及幕墙装饰、大型石材堆砌、黄帝像雕塑及安装、水电、设备安装等。

轩辕殿采用屋顶样式中等级最高的庑殿式屋顶形制。如此建造奠定了黄帝“九五之尊、人文始祖”的地位，使整个空间显得恢宏神圣、庄严肃穆。

轩辕殿既传承了中华民族优秀传统建筑风格，又有现代建筑技术加持。轩辕殿的铜瓦为项目专门定制，单片尺寸达 800 毫米 ×500 毫米，厚度 1.5 毫米，瓦片以底瓦加盖瓦“一阴一阳”排列的组合形式，结合建筑材料进行整体设计，屋面用瓦作为整个房子的保护伞，强调层叠立体感和厚实感，乃业界首创。其深化设计，大大拓展了铜材质屋面的应用形式。

四层叠涩檐数列自下而上依次向外扩张，舒缓而流畅地展开于屋顶，首层叠涩檐下四面环绕 500 毫米 ×500 毫米铜板幕墙椽子，椽头铜板浮雕，表面贴金。设计兼顾了工程结构的理性和建筑造型的美感，同时也有效消除了

图 5　黄帝故里轩辕殿南立面

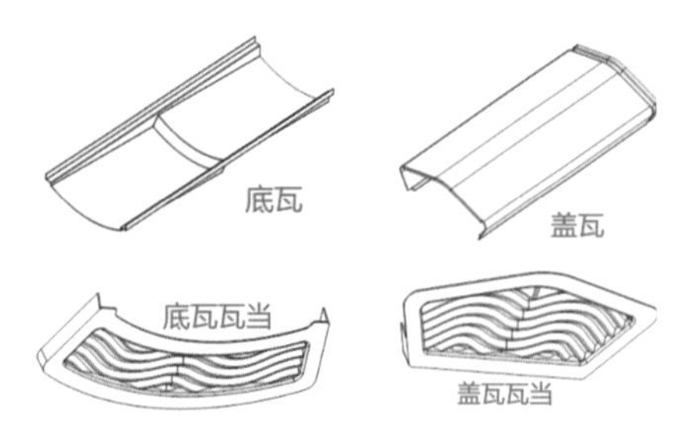

图 7　轩辕殿铜瓦图纸示意

图 6　黄帝故里轩辕殿庑殿顶

图 8　轩辕殿东立面

大殿较大尺度带来的突兀感。这样处理实现平缓、谦和而又高等级制度的建筑外观。

轩辕殿铜瓦屋面、屋脊分别选用 1.5 毫米、3 毫米紫铜，表面纯色预氧化处理。大殿上方铜制匾额，是钟鼎文书写的“轩辕殿”三字。字体运用锻造技术、蚀刻肌理的工艺，表面进行斑铜预氧化、字贴金处理。

轩辕殿内腔含穹顶和铜幕墙，由 19 层铜制叠错板营造而成，铜幕墙面积约 14400 平方米，19 层叠错板内包主体钢架结构，外侧编排 1.5 毫米厚紫铜等，高精度排序。经过独门技艺，每块铜板形成独一无二的肌理斑纹，增加建筑的色泽层次感。上方叠错板与室外铜制叠涩檐浑然一体，使内部获得了更为寥廓而

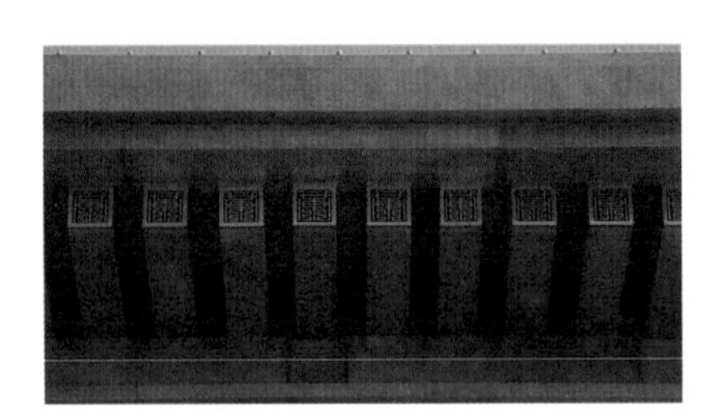
图 9　轩辕殿铜椽子

图 11　轩辕殿叠错板

图 10　轩辕殿牌匾

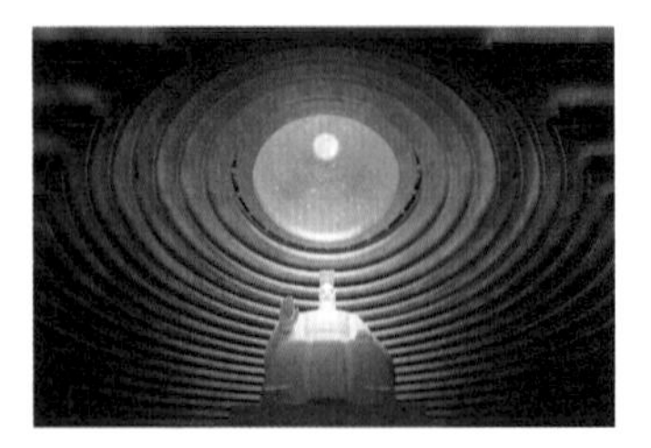
图 12　轩辕殿穹顶

图 13　轩辕殿内腔紫铜叠错板

又不失高耸的空间尺度，室内有高达9.5米的轩辕黄帝像，寓意轩辕黄帝“九五之尊”，同时配合光环境营造编排精确、富有神圣感的光影空间。整个建筑腔体和建筑平面共同营造出“天圆地方”的空间艺术。

穹顶位于大殿中央，以北斗九星为枢纽，反映公元前2717年三月初三黄帝诞生日的灿烂星象。游客站在大殿中，抬头仰望，星辉熠目，宁静如诗，仿佛穿越五千年的时空，触摸先民的脉搏。让人深感时空交错之浩渺，华夏文华之璀璨。

此外，内腔叠错板腰线勾勒金线装饰，并以绳纹点缀，冠以中华民族一脉相承的印痕，寓意祖先结绳记事的文字演化。

远眺大殿，只见风姿绰约，色调庄雅，浑厚沉稳中不失风韵，苍古盎然中蕴含新意。

三、工程重点及难点

轩辕殿为整个园区的核心建筑，居中位，镇轴线；山环水抱，风水之穴；三层台基，三出墩阙，威仪之感；叠涩铺作，庑殿深檐，开枝散叶；直径九丈穹宇，寓天下九州苍穹。

1. 轩辕殿的文化属性及建筑呈现

轩辕殿的建筑风格不拘泥于具体朝代，又要表达中国传统建筑的典型特征，并且必须作为黄帝故里园区建筑群的灵魂，呈现核心地位。这些要求，需要建设单位同时在传统建筑和现代装饰两个方面做到完美兼顾。

2. 幕墙造型复杂，构件超大化、整体化

为展现河南中原大地作为中华文明发祥地的伟大气度，轩辕殿的铜瓦为项目专门定制，单片尺寸达800毫米×500毫米，厚1.5毫米，史无前例。铜幕墙面积约14400平方米，由19层铜制叠错板营造而成，构件巨大而精度要求高。

3. 项目体量大，施工时间紧，任务重

黄帝故里轩辕殿是迄今为止国内最大的单层檐全紫铜建筑，从前期工作进场，到幕墙最终完工，时间仅有77天，这是一个巨大的挑战。

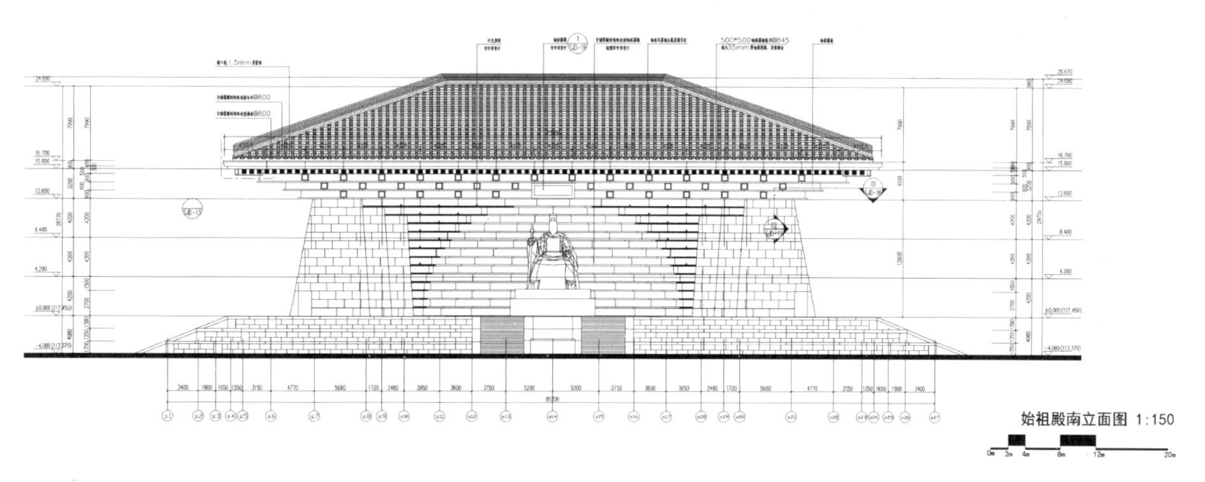

图14　轩辕殿设计图纸

图15 业主领导、朱炳仁大师和设计团队在轩辕殿建设现场

图16 轩辕殿铜瓦与檐口

图17 朱军岷大师团队在轩辕殿铜瓦安装现场

四、新技术、新材料、新工艺的应用

1. 新工艺——黄帝故里项目铜瓦的创新点

黄帝故里项目的铜瓦别具一格。

（1）在材质上，与大多数铜建筑采用黄铜做瓦不同，黄帝故里项目所用铜材均为紫铜，营造古朴庄重的建筑气韵。

（2）在色彩上，现代建设的传统建筑所用铜瓦大多数为黑色或金色，黄帝故里项目铜瓦应用氧化技艺处理，呈紫铜色，契合项目整体风格。

（3）在形制上，朱炳仁铜建筑在其他项目中的铜瓦大多是仿古形制的筒瓦或小青瓦。黄帝故里项目使用的铜瓦，是为项目专门设计的大型仿古瓦，单片尺寸达800毫米×500毫米，厚度1.5毫米，是业界首创，其深化设计，大大拓展了铜材质屋面的应用形式。

（4）在纹样上，黄帝故里项目所用瓦当纹样相对简化，采用古朴的水波纹，营造写意的装饰意境。

2. 新技术——超大面积屋面瓦施工技术

轩辕殿屋面主要包含瓦面盖瓦、瓦面底瓦、铜勾头、铜滴水、铜屋面正脊、斜脊、封檐，以及固定配件。

铜瓦安装顺序如下。

图18 金星铜总裁俞剑伟和团队在黄帝故里施工现场

图19 黄帝故里轩辕殿夜景

（1）安装铜瓦前，根据图纸复核前道基层，检查不锈钢板平整度，接缝防水密封。根据图纸弹线定出屋面屋脊的外边缘线及标高。

（2）根据屋面脊的宽度在屋面上做不锈钢支撑架，脊的不锈钢支撑架焊接固定在屋面2.0毫米不锈钢找基层上。

（3）确定单翼屋面中心线，依据施工图尺寸进行分垄，调节各垄的间距，消化各施工工序累计误差。

（4）根据分垄间距安装通长的底瓦支撑架，底瓦支撑架底部焊接固定在屋面2.0毫米不锈钢找基层上，底瓦支撑架尾部与脊的不锈钢支撑架焊接相连。

（5）安装铜封檐和铜底瓦。铜滴水可以事先固定在底瓦端部，底瓦设计为通长铺装，定出底瓦的外挑出檐口尺寸，然后根据尺寸拉整体外挑水平线，铜底瓦尾端伸进屋脊内，长度控制在50～80毫米，防止雨水进入，安装后核对检查尺寸、平整度。

（6）在不锈钢支撑架上安装铜屋脊构件，构件底部焊接在铜底瓦面上，安装后核对检查尺寸、平整度，对焊接位置表面进行打磨、抛光，打磨抛光部位表面进行修补着色处理。

（7）安装带铜勾头的首块铜盖瓦，将勾头贴牢底瓦的滴水，盖瓦点焊固定在底瓦上；自下而上安装盖瓦；安装不带勾头的盖瓦，端部折边与前一块盖瓦的尾部凹槽卡位固定，盖瓦点焊固定在底瓦上，注意瓦间接缝的吻合；最后靠近脊的盖瓦尾端伸进屋脊内。

图20　黄帝故里夜景

（8）安装屋脊盖瓦。先将不锈钢内折件断焊固定在支撑架上，再将紫铜收边条一端勾住内折件，一端勾住焊接在不锈钢支撑架上；将屋脊盖瓦点焊固定在紫铜收边条面上，自下而上安装屋脊盖瓦，转角处切割接缝吻合并焊接，焊接位置表面打磨、抛光，涂与屋面瓦同色密封结构胶，进行防水处理，对有瑕疵部位表面进行修补着色处理。

五、结语

参加拜祖大典，不仅能在这里寻根，也能近距离亲身感受河南乃至整个中国日新月异的发展变化。2023年，拜祖大典全球全网点击量超25亿人次，参与网上拜祖用户2118万人，参与祈福互动人数超过7000万人次。

拜祖大典的圆满举办，表达的是全世界华夏子孙的文化自信，从厚重的中原历史文化中发现“全球华人根在中原”的当代价值。

黄帝故里园区提升工程是华人翘楚集体智慧的结晶，将地域文化与时代背景融为一体。以轩辕殿为代表的黄帝故里园区建筑，风格不拘泥于具体朝代，却又反映出当下时代特征。从某种意义上来说，当代铜建筑正是对中国传统文化及当代建筑融会并蓄，超然于时间地域观念之上，展现了当代文化自信。

黄帝故里拜轩辕，凝心聚力向复兴。从五千多年灿烂辉煌的中华文明中汲取智慧和力量，昂扬奋进在中国式现代化新征程上，我们的步履无比坚定，我们的前景无比壮阔。

正阳县植物园建设项目

——苏州金螳螂园林绿化景观有限公司

设计单位：苏州金螳螂园林绿化景观有限公司

施工单位：苏州金螳螂园林绿化景观有限公司

工程地点：河南省驻马店市正阳县

项目工期：2020 年 5 月 15 日—2021 年 11 月 30 日

建设规模：340000 平方米

工程造价：16007.80 万元

本文作者：陈　建　苏州金螳螂园林绿化景观有限公司　区域经理

廖启洋　苏州金螳螂园林绿化景观有限公司　项目经理

陆　路　苏州金螳螂园林绿化景观有限公司　企划主管

韩　清　苏州金螳螂园林绿化景观有限公司　工程主管

图 1　植物园鸟瞰图

图 2　主入口广场

图 3　植物园门头

一、工程概况

正阳植物园坐落于河南正阳北城区，是慎水河生态廊道建设的重要一环。植物园共有600余种、近万株乔灌木，15余万平方米的地被，环境生机盎然。花海上设空中廊道，游客既可穿梭花间，又可登高俯瞰；旱溪湿地则以海绵城市理念，打造自然之景。湖东侧粉墙黛瓦的易园，是还原苏州园林局赠联合国教科文组织的永久性纪念建筑，园中移步易景，与1700余平方米的钢结构展馆遥遥相望，动静相宜。花生相关的小品、公共设施，加强了场地独特性及文化内涵。

植物园运用了下凹式雨水花园、透水混凝土等具备集水、蓄水、节水功能的设施，容器苗保证了植物园开放之初的绿化景观效果，露营基地重点区域的浇播草坪渗灌管埋地式结构，保证暖季型草坪质量。

建成后的正阳植物园既是科普教育基地，又是居民综合休闲场所，受到政府及广大市民的一致认可。

二、工程理念

1. 项目建设思路

该项目位于河南省驻马店市正阳县内，集科学研究、科普教育、生态文化、休闲旅游于一体，填补了正阳及周边城市植物科普教育基地的空白，是慎水河生态廊道建设的重要

图 4　园中园路

图 5　园路绿化

一环。

项目以正阳特色的“花生文化”为主题，将花生的全生命周期贯穿园内各个功能区域，如：南入口线性广场模拟花生根系的延展，西侧花田模拟围绕根茎生长的叶子，科普馆形似花生种子，儿童区则为花生果实。整体以象形寓教于乐，形成“自然生长”、富有地方特色的植物园。

在注重品牌增效的同时，项目适地适树、引育品种，分类打造专类园，服务于后期植物引种驯化、嫁接改良、花期调控等科研活动。保护生物多样性、促进当地植物科研成果转化。

为响应政策，项目将海绵城市理念贯穿其中，通过下凹式雨水花园、透水混凝土等，节能减排，助力“双碳”。

正阳植物园的建设，既弘扬了正阳“花生”文化，强化地方特色、提升县域营商环境，又助力科普科研和生态环保，一举多得，有效提升正阳县的整体形象及竞争力。

2. 项目建设主要内容

本工程占地 33.39 万平方米，其中绿化面积为 16.35 万平方米，铺装面积为 6.93 万平方米，湖区面积为 4.11 万平方米。工程内容涵盖土方开挖回填、广场园路铺装、绿地整理、苗木栽植、照明工程、雨水工程、旱溪湿地、钢结构展览馆、图书馆、管理用房、绿地喷灌工程、人工湖、古建、各类景观小品（亲水平台、空中廊架、湖中栈桥、湖中亭、休息坐凳、景墙等）。

图 6 湖景鸟瞰▼

图 7　儿童乐园

三、工程重点及难点

1. 钢结构展览馆

项目北侧建有 1700 余平方米的钢结构展览馆，为园区科普教育基地。为契合正阳特色“花生”主题，展览馆设计成当地特产植物——花生的叶子异形形态。该建筑大量使用了多面弧形钢材，为保证结构的安全性和稳定性，经过多轮结构形态和力学特性论证及实验，最终在材料生产环节采用了精密数控加工技术，以确保制造精度和质量。施工过程中亦巧妙地运用了满堂支架及特种吊装相结合，保证异形钢结构、铝板、玻璃等材料的安全、稳固及美观度，达到了理想的效果。

2. 花海廊道

在建设之初，项目充分考虑了绿色节能的施工原则，将河道开挖的土方用于西侧的微地形改造回填，营造出低矮的丘陵地貌。花海片植美丽月见草、粉花绣线菊、粉黛乱子草、花叶芒、常绿鸢尾、丰花月季、地被紫薇、毛鹃、石竹、大滨菊、野花组合等。为使游客在此处能有更多的观赏点，项目打造近 380 米长的空中廊道，廊道旁辅以开花乔木，达到多重观赏效果。

廊道沿花海及湖岸延伸。由于花海区域为回填土方，湖体区域为淤泥质土，两个区域持力能力存在较大差异。为使廊道基础受力均衡，避免发生不均匀沉降而使廊道歪斜甚至损坏，项目多方论证廊道结构方案，最终决定采用混凝土基础加钢结构形式。这不仅充分利用材料力学性能，降低廊道结构因受力不均而产生损坏的风险，还有效地防止了因花海坡面土方的压力带来的基础位移风险。

图 8　钢结构展馆

图 9　易园

图 10　易园周边绿化

3. 反季节（高温）绿化种植

项目遵从适地适树的原则，大量运用本地乡土苗木，并引进水杉、红叶李、铁树、红叶垂榆、白皮松、切花月季等多个品种，共 2000 余株。因工期紧，大量的乔灌木种植无法避开炎热天气，项目部成立专项小组，研究讨论高温期间绿化种植方案。

在传统的乔木移植过程中为了提高成活率，往往对树体进行大量修剪，景观效果差，原有树冠难以短时间内恢复。为快速呈现景观效果，满足开园要求，针对本工程的施工特点及业主要求，项目全面使用容器苗种植，结合“大乔木全冠移植技术”的应用，使苗木种植时无须修剪，既保持了苗木原有冠形和苗木完整性，又确保了成活率。项目一经开放迎客就具备很好的观赏效果，得到了业主及社会的一致好评。

4. EPDM 整体塑胶

园内的儿童游乐园占地 7000 余平方米，采用彩色 EPDM 整体塑胶面层，具备良好的

图 11　易园内景

图 12　雨水花园

图 13　旱溪湿地

减震性能，且整体无接缝。平面和坡面交界区域采用连续整体铺设技术，并进行细节整形处理，保证儿童游乐场面层整体性。EPDM 材料颜色明艳、色泽稳定，项目严格配比材料，确保施工品质，即使在烈日暴晒下亦不会出现褪色现象。材料本身耐用，无味、无毒，项目加入防霉抗菌原料，确保不滋生苔藓及微生物。EPDM 还具有特快疏水效能，一年四季保持面层干爽，维护保养简单，用清水或普通清洁剂即可除去污垢，有效减少后期养护成本。

5. 古建特色空间——易园

苏州古典园林独具特色，被联合国教科文组织列入《世界遗产名录》。中国政府曾于 2007 年向联合国教科文组织捐赠一座永久性苏式古典建筑“易园”作为纪念。本项目以此为蓝本 1∶1 复制，在植物园东侧打造“易园”苏式古建园林建筑景观，满足市民“足不出市”即可就近欣赏江南水乡之美的需求。

图 14　花海廊道

图 15　空中栈道

易园占地1400多平方米，将《易经》风水学中“三易”原则，即“简易，变易，不易”这一美学标准融入园中，以现代易学理念造势布局围墙、引胜廊、池塘、石桥、抱一亭、挹美水榭、存古堂、半亭等元素。建筑形态错落有致，景观曲径通透。

易园楹联也有多处与易经呼应，入口玄关处的“大德曰生”，便取自《易经》，意为天地间最大的恩德便是给世间带来生生不息的环境。存古堂内设六扇屏门，正面阴刻范仲淹的《天道益谦赋》，也是讲述范仲淹晚年读《易经》的一些感悟。屏门两边的挂落取自陆游的“小几研朱晨点易”“重帘扫地昼焚香”，更是直接点名《易经》。

项目建设时，专程从苏州挖掘古建老匠人施工榫卯结构和花街铺地等古建工艺，并特意聘请了园林史权威专家金学智和楹联陈设泰斗郑可俊两位老专家来现场指导施工。建成后的易园成为当地最火的打卡点。

图16　特色景观

四、新技术、新材料、新工艺的应用

1. 雨水回收处理系统

运用公司自有“公园雨水径流收集控制系统”发明专利，在项目中建成200立方米雨水回收池，通过下凹式雨水花园、透水混凝土、排水沟等形式，将雨水汇集至集水模块与蓄水

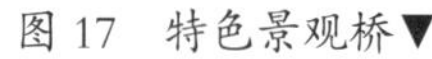

图17　特色景观桥▼

图 18　廊亭

设施，再通过过滤、净化、杀菌等一系列流程，达到快速净化收集径流雨水的目的，最终用作道路清洗、绿化灌溉、公厕冲洗等用途。这样既降低了公园后期运营成本，又控制景观湖周边径流污染，降低污染物含量，形成一套完整、高效的雨水资源化系统。

2. 硬质景观广场防冻胀多层结构

项目地处北方，大面积广场铺装施工时又正值冬季，考虑到冻胀会使铺装面层产生局部隆起，导致面层脱落和错台现象。到春融时节，错台会慢慢消失，但面层承载能力逐渐降低，最终导致面层不可逆破损。项目部运用公司研发的“硬质景观广场防冻胀多层结构”专利，保证项目铺装质量及项目景观效果。该专利技术是用三合土作为底基层，三合土占据底基层 70% 的高度。底基层上方是采用混凝土浇筑的基础层，基础层上设置第一伸缩缝，伸缩缝内填柔性密封材料。在铺装结合层上掺加防冻剂，铺装面层上设置与第一伸缩缝相对应的第二伸缩缝，铺装面层材料彼此间填有界面剂或增加粘结层。该技术的使用使项目降低了日常维护频率和景观使用成本，提升了植物园的景观效果。

3. 一种用于交播草坪渗灌管的埋地式结构

项目多个区域，尤其展览馆周边和旱溪附近，使用了大面积的百慕大交播黑麦草草坪。为使草坪保持常绿不黄，采用交播草坪春秋季迅速更替技术，展览馆周边重点区域运用了公司自有的“一种用于交播草坪渗灌管的埋地式结构”专利技术，该技术是在春季草皮更替期间提供温水和水溶肥，从而促进暖季型草坪迅速萌发返青。秋季交播黑麦草时，通过微生物菌剂和植物生长调节剂的综合应用，来实现交播冷季型草坪迅速生长更替暖季型草坪的目的。该技术的运用，可以大大降低养护成本，较好地提升景观效果，具有较好的经济效益和社会效益。

项目荣誉：

本项目获2023年度中国风景园林学会科学技术奖园林工程奖银奖。

图19　植物园夜景

图20　夜间湖景

南沙区庆祝中国共产党成立100周年主要干道和重要区域节点绿化提升项目设计施工一体化

——广州市园林建设集团有限公司

设计单位：广州园林建筑规划设计研究总院有限公司

施工单位：广州市园林建设集团有限公司

工程地点：广州市南沙区

项目工期：2021年6月8日—2021年12月17日

建设规模：218705平方米

工程造价：4724.56万元

本文作者：房晓峰　广州市园林建设集团有限公司　副总经理

邓乃丽　广州市园林建设集团有限公司　项目负责人

何建伟　广州市园林建设集团有限公司　项目负责人

图1　庆祝中国共产党成立100周年花境

一、工程概况

本项目主要分布于广州市南沙区各主要干道和重要区域，项目景观提升总面积 218705 平方米，主要施工项目包括：入岛门户节点改造总面积 35775 平方米，交通枢纽节点改造总面积 101230 平方米，道路区段节点改造总面积 81700 平方米。

按照区域位置及周边环境，改造区域主要有 49 个节点，其中重要门户节点 10 个：南沙港快速路鱼窝头出口、南沙大道与黄阁南路交叉口、进港大道与蕉门路交叉口、市南大道与黄阁西路交叉口、英东大道南沙立交南侧示范点、龙穴大道与鸡抱沙北路交叉点、二涌路（南沙现代都市农业实验园）、沙尾路（恒大汽车城周边）示范点、扬帆路与新港路交叉口、南沙港快速路与新港路交叉口。

二、工程理念

南沙区为庆祝中国共产党成立 100 周年，重点打造全区门户、交通枢纽、道路沿线等 49 个景观节点，充分利用南沙“山、城、水、田、海”融合的自然禀赋，在南沙市民广场打造大型园林景观群，设置风帆、海豚、浪花等艺术绿雕构件，运用“浪潮”花海花境，配合夜景灯光，形成“星辰大海”般的体验感和参与感，烘托共庆建党百年华诞、共创历史伟业的浓厚氛围，展现南沙新风貌。

项目以“百年路 · 忆岁月流金”“百景盛 · 绘南沙新程”为主题。“百年路”象征着翻开中国共产党波澜壮阔、起伏跌宕的百年历史征程，激情燃烧的峥嵘岁月仍历历在目，通过主题景观节点的串联，形成连贯的景观脉络。“百景盛”则意味着以党建主题与南沙风情为指导，塑造丰富的景观节点，通过道路线性串联，描绘南沙区“三区一中心”定位下的城市形象，全面增绿添花，营造精品景观。

项目的景观结构以“一环三区十花园”为主。“一环”贯穿南沙区，串联 10 个入岛门户节点，分别塑造为 10 个花园，形成一条体现南沙区地域特色的庆祝建党 100 周年景观环，助

图 2　共筑中国梦，永远跟党走花境

图 3　海豚跃出花海花境

图 4　桥底鹿群绿化花境

力花园南沙城市建设。“三区”分别为锦绣央城片区、棕情海滨片区、风情龙穴片区。锦绣央城片区为南沙中心城区，规划结合南沙地域开花乔木，搭配时花花境，打造富有缤纷建党氛围的锦绣央城片区；棕情海滨片区周边滨海景观风貌突出，规划结合该片区原有棕榈植物配合时花花境，打造具有独特棕榈景色的棕情海滨片区；风情龙穴片区位于龙穴岛，规划结合该片区特有的地理环境，以体现“阳光沙滩仙人掌”的地域风情为理念，为游客打造拥有热带沙漠植物景观及波斯菊花海的风情龙穴片区。

三、工程重点及难点

本工程是设计施工一体化项目，我们积极参与设计过程，并编制了具有针对性的施工方

图 5　天鹅浮游花境

图 6　缤纷多彩花卉景观

图 7　路边高低错落的花卉景观

图 8　路边美化装饰花境

图 9　缤纷花卉带

图 10　繁花盛放 1

图 11　繁花盛放 2

图 12　各色花卉争奇斗艳 1

图 13　各色花卉争奇斗艳 2

图 14　海豚跃出花海花境

案，得到了建设单位和监理单位的认可，并在实施中遵循施工要点，保证了工程质量，对局部不妥或缺陷处，通过自查、原因分析进行整改，合格后再进行下道工序施工。对施工图理解不清楚的地方，及时向建设、设计、监理发送工作联系单，共同研究施工方案，保证质量合格。

在施工过程中，我们严格把守工程原材料、成品及半成品的进场关和验收关。对指定的材料，我们首先进行送样，待选样确认后方进行采购。对进场的各类材料，首先检查其生产厂家是否具备相应生产资质；再结合出厂合格证和质量检测报告等质保资料，核对现场材料的质量、数量是否达到要求；最后由监理工程师现场检查。

图 15　花卉边景

图 16　花境层次设计 1

图 17　花境层次设计 2

图 18　绿植边景

整个工程在施工前严格按照批准的施工组织设计进行整体部署，合理安排各道施工工序，严格遵守建筑法律法规及各项规范标准验收。各分部分项工程按照设计图纸进行施工。在施工过程中坚持“三检”制度，确保质量体系有效运行，每项工程施工过程中都由各专业人员和质检员跟踪检查，发现问题及时整改。施工完成后，由作业工长、施工队专业人员进行自检，同时交由下道工序作业组长互检，自检和互检符合要求后，由项目部组织复检，合格后再由建设单位、建设管理单位、监理单位进行验收，同时做好隐蔽工程记录。对施工过程中存在的问题，经监理工程师指导后及时整改，确保工程质量合格率 100%。

四、新技术、新材料、新工艺的应用

项目实施过程中，由于施工面积大、工期短、工程质量要求高，而制作花境时采用的作业方式是人工挖坑，作业成本较高，费时费力，且施工效率低。因此，项目团队制作了一套养护辅助装置，以电力为动能，由人工操作设备移动，通过设备钻头进行地面钻坑工作。钻坑的过程中设备会喷洒水使地面湿润，从而方便螺旋钻头进行钻坑作业；当钻头抬起时，也可以通过喷洒水对钻头进行清洗。该设备操作简单，使用方便，大大节省人力成本和工期，提高了施工效率，保障了施工质量的同时在约定的工期内顺利完工。

项目荣誉：
本项目获2023年广东省风景园林与生态景观协会科学技术奖（园林工程奖）金奖。

图19　排布高低错落的道路绿化带

图 20　热带植物配置景观

白鹭洲公园提升工程（中片区、西片区）

——福建艺景生态建设集团有限公司

设计单位：厦门北林城景园林景观设计有限公司

杭州园林设计院股份有限公司

厦门市城邦园林规划设计研究院有限公司

北京东方大工环境科技有限公司

施工单位：福建艺景生态建设集团有限公司

工程地点：福建省厦门市

项目工期：2016 年 12 月 3 日—2017 年 11 月 9 日

建设规模：31 万平方米

工程造价：6521.63 万元

本文作者：李梦为　福建艺景生态建设集团有限公司　常务副总经理

沈灿辉　福建艺景生态建设集团有限公司　总工程师

罗吓晓　福建艺景生态建设集团有限公司　工程师

图 1　西区鸟瞰图

一、工程概况

白鹭洲公园中片区、西片区总面积约31万平方米，工程建设内容主要包括白鹭洲公园中片区基础绿化及土建景观、喷灌改造，白鹭洲公园西片区基础绿化及土建景观、喷灌改造、白鹭洲音乐喷泉改造、白鹭洲环湖步道夜景照明改造提升、园区监控系统建设、公共厕所翻修、公园路标指示牌、垃圾桶及护栏提升、垂直绿化、重要节点花化彩化等。为创造更具吸引力和特色的综合性公园，着重提升了现有音乐喷泉广场和白鹭女神像的夜景灯光效果。

图4　景观石

图2　疏林草地

图5　游园步道

图3　林荫道

图6　休憩坐椅

二、工程理念

白鹭洲公园位于厦门岛核心，是厦门市最大的开放式公园，是为城市及周边居民提供生态休闲、滨湖观光、漫步健身、市民聚会、公共交往等多种服务的高品位市级城市综合公园，是厦门四大国家重点公园之一。由于受台风摧残及历史遗留原因，白鹭洲公园已无法满足城市及周边居民的使用功能需求和艺术观赏需求，环境亟待改善。

图7　中区鸟瞰图

三、工程建设特色

双飞白鹭绘城景、生态绿园迎宾客。为了让提升后的白鹭洲公园更加绿色生态自然，项目在建设过程中运用了诸多的新技术、新工艺、新材料。例如，本项目所有道路广场铺装基层均采用透水混凝土材料，园区人行道路面层采用聚氨酯彩色碎石透水铺装材料，为缓解公园内涝起到很好的作用；白鹭洲3D音乐喷泉水舞秀采用了喷泉能效导流器技术，将项目

图8　生态停车场

运行能效提高了 25%，为项目控制成本，也为科学和社会经济发展发挥了重要的推动作用；公园公厕采用了新型污水处理技术，实现冲厕污水的源头治理，并把污水转化成中水用于园区的绿化浇灌，实现了水资源的再利用；本工程采用石材处理剂对石材进行防碱背涂处理，可以有效地封闭石材内的空隙，防止水泥砂浆在水化过程中的碱类渗透，从而克服了石材的返碱现象；在乔木栽植中采用可拆卸整体式支撑，完美解决了传统木、竹支撑的各项缺陷。

四、工程重点及难点

白鹭洲公园提升工程（中片区、西片区）采用施工与设计同步、现场确定方案的动态方式进行。由于每天来公园的游客和市民较多，公园不能全部封闭施工，只能逐步相对封闭开展施工，又恰逢春节和元宵节，大部分工人要返乡过年，还有雨季降雨量大、园区内原有综合管网无存档图纸等问题，都给工程施工造成很多的困难和压力。

图 9　生态公厕

图 10　特色景观坐凳

图 11 景观指示牌

五、新技术、新材料、新工艺的应用

1. 新技术

（1）喷泉能效导流器技术的应用。“喷泉能效导流器技术”将管道流体重新分布，使流体运动中的质点与质点，及与局部装置之间，减少发生碰撞，减少产生漩涡，减少流体流动时受到的阻碍。

图 12 汀步路

图 13　中区阳关活动大草坪

图 14　特色景观雕塑

图 15　阳光草坪、特色小品

图 16　林下空间

图 17　透水砖路面

项目一方面在设计和创意上浓缩了世界先进的表演水型，如 3D 水型、512 灯光表演，同时，在艺术编曲创作中，渗入了闽南文化元素，在喷泉表演编排上，水、光、音协作配合，时间精确到秒。另一方面，白鹭洲 3D 音乐喷泉水舞秀都采用了节能减排喷泉专利技术产品，将项目运行能效提高了 25%，为项目控制成本，也为科学、社会经济发展发挥了重要的推动作用。

（2）公园公厕新型污水处理技术的应用。白鹭洲公园四面环湖，且位于市中心位置。为保证公厕用水不污染湖水，本工程特别使用了新型的生化处理生态厕所，实现冲厕污水的源头治理，并把污水转化成中水，用于园区的绿化浇灌，实现了水资源的再利用。三座公厕均采用生化处理工艺，即污水—水解酸化—生物接触氧化—二次沉淀池沉淀—达标后绿化浇灌。这套成熟的处理工艺具有运行成本低、维修方便等优点。

图 18　透水混凝土路▼

2. 新材料

（1）新型透水混凝土材料的运用。本项目所有道路广场的铺装基层都采用了透水混凝土材料，其具有高透水性、高承载力、装饰效果好、易维护等特性。

（2）聚氨酯彩色碎石透水铺装材料的运用。园区人行道路面层采用聚氨酯彩色碎石透水铺装材料，为缓解公园内涝起到很好的作用。

3. 新工艺

（1）石材防碱处理。本工程项目采用石材处理剂对石材进行防碱背涂处理，可以有效地封闭石材内的空隙，防止水泥砂浆在水化过程中的碱类渗透，从而避免了石材的返碱现象。该处理工艺简单，易于操作，且保证石材与砂浆的粘接，对金属连接件无腐蚀。处理费用约为石材每平方米造价的 0.15% ～ 0.22%，具有良好的经济效益。

（2）乔木栽植采用可拆卸整体式支撑。本项目大乔木栽植采用了可拆卸式整体式支撑，采用这种新型的支撑工艺，完美解决了传统木、竹支撑的各项缺陷。这种支撑工艺一方面能给新种植的乔木提供稳定的支撑保护，另一方面在乔木栽植稳定后可以无损回收，进行再利用。

图 19　表演广场

图 20　组团绿化

项目荣誉：

本项目获 2020 年中国风景园林学会科学技术奖（园林工程奖）金奖和 2019 年“鼓浪杯”园林景观优质工程银奖。

濠河风景区整治提升项目——绿化景观提升工程设计优化、施工一体化

——苏州金螳螂园林绿化景观有限公司

设计单位：上海市政工程设计研究总院（集团）有限公司

施工单位：苏州金螳螂园林绿化景观有限公司

工程地点：江苏省南通市崇川区

项目工期：2019 年 3 月 11 日—2019 年 12 月 18 日

建设规模：223760 平方米

工程造价：8486.66 万元

本文作者：吴　康　苏州金螳螂园林绿化景观有限公司　区域经理

韩　清　苏州金螳螂园林绿化景观有限公司　工程主管

陆　路　苏州金螳螂园林绿化景观有限公司　企划主管

图 1　白沙滩鸟瞰图

图 2　白沙滩栈道

一、工程概况

南通濠河风景区整治提升工程（以下简称“工程”），打通濠河内外环全线、增加人均绿地面积，保护了沿岸生态环境，提升周边居民幸福感，是城市精细化管理的样板。

为丰富市民游客的游览体验，工程在细节上下足了“绣花”功夫，新增花境、旱溪、碑廊等景观节点 20 余处，合理搭配草坪和宿根花卉，增加色叶、开花树种，并引进朱蕉、迷迭香、娜塔栎、秤锤树等新的花卉、乔木、灌木品种。营造三季有花、四季常青的立体景观群落，与濠河美景融为一体。

沿岸增设健康步道和生态步道，打通新乐桥至城隍庙、南通大学启秀校区、博物苑等多处滨水游步道节点，形成 1.8 万米的慢行休憩环路；改造原地块白沙滩为儿童戏水池，升级榉树广场、银杏广场等 6 个广场，为各年龄层次人群提供运动场地支持；新增亭台楼阁，给濠河景区增添了古色古香的园林气质，提供更好的休憩游览环境。

项目应用下凹式雨水花园、透水铺装等技术，增加海绵城市技术植草沟、滞留设施，实现雨水的慢排缓释及收集净化，充分利用水资源的同时，改善城市水环境。

在濠河整治提升过程中，项目部克服诸多困难，根据不同路段，量身定制景观方案。通过高品质整治提升，推动濠河功能、形象、品质提升，成为市民安享通城“慢生活”的最佳去处。

二、工程理念

2019 年，南通市政府制定了“步道成环、水景开敞、四季有景、文化彰显”的目标，希望通过提升濠河风景区景观，改善城市生态环境，满足居民日益增长的生态和健康需求。

2019 年 3 月，苏州金螳螂园林绿化景观有限公司承接项目的设计优化和施工，通过打通濠河内外环全线、增加人均绿地面积，彩化、美化沿河景观，实实在在提升周边居民

图 3　翡翠花园健康步道

图 4　游客中心码头

图 5　濠东绿地健康步道

的幸福感和获得感。整体项目引入海绵城市“渗、滞、蓄、净、用”的低影响开发理念，结合城市透水性铺装、集水模块与蓄水设施，大幅度降低直排雨水，提升景观水资源的可循环利用率。

三、工程建设特色

改造工程施工后，绿地面积增加 3.6 万平方米，并升级榉树广场、银杏广场等 6 个广场，为晨练和乐队排练的老人们提供开阔的场地；原有白沙滩改造为儿童戏水池，增加景观互动的可能性。本项目移植苗木 2211 棵，新栽植乔木 2860 棵；新增花境、旱溪、碑廊等景观节点 20 余处；种植柳叶栎、娜塔栎、秤锤树、美国红栎、光皮梾木、珊瑚朴等苗木百余种；种植丛生福禄考、千鸟花、花叶蔓长春、活血丹、黄金菊、醉鱼草等草花及地被植物 150 余种。植物改造旨在为市民创造一个富有多样景观的动态植物群落空间；结合城市的市树市花、现状苗木等，打造主题植物片区；针对现状过密区域，将原来葱郁茂密的植物空间改造为开敞或半开敞空间，使滨水环线的植物空间富于变化，打造步移景异的景观绿化空间。工程清表18.9万平方米，土方回填5.8万立方米。增加健康步道和生态步道，连接新乐桥至城隍庙、南通大学启秀校区、南通大学附属医院、博物苑等多处滨水游步道节点，形成1.8万米的慢行休憩环路。建设场地硬质铺装1.83万平方米，透水混凝土游步道3680平方米，白沙滩戏水池3200平方米，停车场改造2500平方米，新建栈道2980平方米，给排水管道1800米，新建桥梁三座（棉机河拱桥、博物苑拱桥和西被闸平桥），新建博物苑管理用房、珠算博物馆厕所及游船码头售票中心用房。

四、工程重点及难点

1. 木栈道桩基工程

本次项目提升中规划了具备亲水功能的环校区游步木栈道，位于南通大学医学院东侧约八百米濠河沿岸区域。由于该区域一直处于荒

图6　濠东绿地南段花境

图8　濠河花境1

图7　濠东绿地中段花境

图9　濠河花境2

图 10　濠河全景鸟瞰图

废浅滩状态，近岸约六米深的河岸区域河床环境复杂，沿岸恶劣的场地条件难以满足桩基机械进出场，对近两公里的木栈道基础施工提出了严峻考验。项目部首先采用拉森钢板桩分段施工围堰，抽干围堰内河水后进行河床清淤，以及地基处理，随后分层填筑约 15000 立方米道渣，压实为施工便道，以此作为木栈道桩基及混凝土浇筑施工便道平台。桩基及木栈道结构浇筑施工完成后拆除便道、拔出钢板桩，循环使用以上材料继续分段施作下道流水作业。项目部克服水下复杂环境，多方勘探，小心求证落实，大胆施工，有序推进施工进程，在有限时间内保质保量完成桩基施工任务。

2. 桥梁工程

在博物苑东南角、新城桥东侧和西被闸东侧新建了三座人行桥，加上体育公园到南公园和南公园桥至西被闸两段新建游步道，实现了濠河外环游步道的连通。三座桥所处水域情况复杂，湖面下管道纵横，因年代久远，原有管道排布位置及埋深不详且已无从考究，如若盲目按照设计图纸中的桥梁桩基点位施工将导致不可计量的损失。项目部对现场桩基施工范围内的管线定位点逐条摸排、排布桩点，现场逐一勘探试点、钻孔捞样，通过相关技术分辨排查土层环境中可能存在管线的区域。最终有效避免了对施工范围内的管线破坏，顺利如期完成桥梁工程，解决了濠河环线步道无法连贯的痛点问题，为晨跑人群打造了一个步移景异的濠河环道。

3. 植物群落

为丰富濠河植物群落组成，项目部统计分析濠河历年光照、温度、水分、空气、土壤等环境条件，按濠河不同区域的不同场地条件，引入柳叶栎、娜塔栎、秤锤树、美国红栎等新品种乔木百余种，打造四季有别、季相分明的植物风貌。项目部将原来葱郁闭合的植物空间通过游步道拓展为开敞或者半开敞的植物空间，在视觉上形成了疏密有致的生态空间，使滨水环线植物空间富于变化，打造移步易景的景观环线。

在植物配置方面，项目部也进行了优化。首先是乔木彩叶化，项目部配置了北美枫香、榉树、柳叶栎等色叶树木，这些色叶树木与原有的香樟、垂柳、女贞、合欢、栾树等树种一起装扮濠河，多种色彩的搭配构成令人悦目的秋景。其次是灌木种植成片化，项目以水为主，桃红柳绿是基调，沿岸杨柳依依，桃之夭夭，不同的区域体现不一样的景致：北濠河以染井吉野樱花为观花主景，转至濠东绿苑北段则是以晚樱和垂丝海棠为赏花主景。最后是地被植物宿根化，根据林地光照度的不同和空旷、林缘、临水地带的不同特点成片配置各类草本宿根花卉，尽量保证地被草花与上层花灌木花期相同或相近，开花季节由上及下犹如泼彩。

对于近3000棵乔木的种植工作，首要难点就是运输难。除了小部分靠近市政干线的施工区域，在临时占道条件下可以依靠大型机械配合作业外，其余大部分都是在曲径通幽的林间小道，甚至像金鳌坊这样的河中孤岛，项目部只能投入大量人力，一路将乔木抬到种植穴内。对于个别大乔木还需通过临时架设的手动吊运支架，调节乔木成景方向，以防调整中挤压破坏乔木土球，造成根系受损或植株受伤，导致精挑细选种植成景的乔木假活或生长不良，从而影响区域景点整体观感。

4. 宿根花卉

在濠河畔，结合不同场域特点平整出来

图11 珠算博物馆南侧绿地

图12 蓝印花布馆花境

图13 柳岛

图14 栖霞浦

图 15　白沙滩施工前后对比图

的微地形，穿插各种花境、雨水花园、岩生园三大类景观小节点，分别精心栽种鸢尾、醉鱼草、美女樱等近百种宿根花卉。花境还原了大自然原有的景观，雨水花园和海绵城市主题相结合，岩生园里栽种着耐旱、生命力强的植物，营造“沙漠绿洲”。百余种花卉各自对高度、干湿度、休眠期各有各的讲究，项目部绿化专业技术负责人配合南通市濠河管理处编写了《濠河滨水绿地花境植物养护导则》，在近两年养护工程中根据导则的养护日历悉心照看场内娇艳花卉，并不断总结经验教训，为后期移交管理处提供了详尽的养护管理标准。

5. 城市湿地雨水花园

整体项目引入海绵城市“渗、滞、蓄、净、用”的低影响开发理念，对雨水资源化技术、水体生态保持系统进行研究，以“生态处理”为理念，达到雨水除污、收集利用、道路

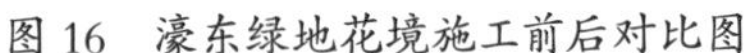

图 16　濠东绿地花境施工前后对比图

图 17　濠西书院景墙绿地施工前后对比图

降尘、降低雨水对河道的污染，从而美化环境。结合以透水混凝土铺装为主的 18 千米环濠河健康游步道、以宿根花卉为主的花境形式和下凹式雨水花园、草地与铺装交接处设置生态草沟等方式，大幅度降低直排雨水，提升景观水资源的可循环利用。

项目部结合公司自有技术，通过分析和研究，尝试在景观沟渠中间设置穿孔管或用透水材料做成的管道，并在沟渠内填充碎石，使汇集的雨水通过透水性管渠进入四周的碎石层，再进一步向四周土壤渗透。通过投加水改剂，控制水源中的重金属及氮磷含量。研究项目周边水域的水生植被，以及周边湖泊生态特性，通过实验对比开发利用前后的水质变化状况，拟定景观水体建设所需的水深梯度和适生水生植物类型，达到利用水生植被净化水体的目的。修建雨水收集设施，通过生态草沟和种植植被对雨水进行收集和过滤，控制景观湖周边

图 18　三角绿地施工前后对比图

图 19　西公园

图 20　五亭邀月

径流污染，降低污染物含量；合理选用水生植被，丰富景观水体的植物群落，利用水生植物改善水体生境条件，配合濠河周边黑臭水体整治和控源截污工作，使濠河水质达到Ⅲ类水标准。全方位实施的濠河整治工程将一个水清景美、现代时尚的高品质城市展现在市民面前。

五、新技术、新材料、新工艺的应用

1. 大乔木反季节全冠移植技术

针对反季节全冠移植大乔木，为提高其成活率，在起树前采用一定配比的乙烯利和脱落酸混合水溶液对树冠进行药剂喷雾脱叶处理，并在树叶开始脱落后起树。在运输、栽植过程中采用可降解的秸秆塑料制成侧壁及底壁空心的箱体结构。在空心部位填充碎石，并在底部设置透水孔并设置铺有发根药粉的蓄水模块。在树木起挖后，将土球装入移植箱内，起到保护根须及保持土球湿润的作用。箱体随苗木一同移栽至树穴，一定时间后箱体自然降解成为肥料，内部碎石自然沉降，形成有效的排水系统。

2. 提高存活率的树木移植土层结构

该结构为一种提高存活率的树木移植土层结构，其特征包括移植坑和移植树木。移植坑为矩形状且其四周及底端均设置有可降解板；移植坑内自下而上依次设置有打底土层、珍珠岩层、营养土层、草木灰层，以及外土层，移植树木其根部土球位于营养土层中。铺设由珍珠岩构成的珍珠岩层，改善土壤的通气性且控制土壤积水性，提高移植树木的存活率；铺设可降解板，对移植坑进行支撑，以及隔离移植坑外土壤，避免其混入移植坑影响移植树木用土，且可降解板降解后可成为移植树木的辅助肥料；铺设草木灰层，其可提高土壤内部温度，促进移植树木的生根及生长恢复速度。

3. 基于水生植物多样性的保温去污潜流式人工湿地系统

在濠河提升的水岸施工中，项目部采用公司研发的“基于水生植物多样性的保温去污潜流式人工湿地系统”专利。该专利技术通过设置多个能够实现循环连通的湿地区域，依次实现净化处理，提高了人工湿地系统的净化效果。

利用自然系统中的物理、化学、生物三重协同作用来实现污水的净化，具有处理效果好、氮磷去除率高、运转维护方便、工程基建和运转费用低等优势。

4. 一种基于土壤入渗的植被排水系统

该系统可以有效解决地势低洼、积水难排等问题，提高深根性和珍稀濒危类乔木的成活率。

项目荣誉：

本项目获2022年度中国风景园林学会科学技术奖园林工程奖金奖、2021年度江苏省优质工程奖“扬子杯”、2021年度上海市优秀工程勘察设计奖三等奖和2021年度南通市“紫琅杯”优质工程奖（市政园林工程）。

白陈路景观提升工程（一期）

——天堂鸟建设集团有限公司

设计单位：广州市境域设计有限公司

施工单位：天堂鸟建设集团有限公司

工程地点：广东省佛山市顺德区

项目工期：2020 年 8 月 25 日—2021 年 7 月 20 日

建设规模：39987 平方米

工程造价：2288.68 万元

本文作者：郭　亚

图 1　全景鸟瞰图

一、工程概况

白陈路景观提升工程（一期）位于广东省佛山市顺德的陈村，工程造价2288.68万元，占地面积39987平方米。项目涵盖市政道路改造，园路景观改造，新建彩虹桥、儿童乐园、篮球场、花卉之光、荷花池，铺设雨、污水排水管道，安装景观灯、监控管线，以及绿化种植等。

二、工程理念

白陈路景观提升工程（一期）是佛山市"万里碧道"建设项目之一。作为陈村"门面"建设的一部分，除了建有标准公园的基础设施，还提取陈村千年花乡的花卉元素融入其中，花卉之光雕塑、花之球场、彩虹桥侧板、投射灯等都采用了花卉元素进行设计，同时建设环绕公园的彩虹桥，为公园增添艳丽的色彩。

本项目以"两带三区多景点"为框架，以海绵城市、自然生态修复为理念。主要有以下特色：借鉴自然生态，体现自然环保；将海绵城市理念融入公园建设中，解决城市雨洪安全，打造绿色海绵城市；以生态、自然、人与自然共生的理念，充分合理发挥滨河公园的生态功能；注重驳岸处理技术在项目中的使用，充分实现项目的生态性、共生性；塑造文化内涵，品味灯光艺术；利用植物的花期，打造花乡特色景观；建设厚重适用的硬质景观；运用专利技术；植物种植和养护精细化。

图2　彩虹桥

图3　花卉之光雕塑

三、工程建设创新点及特色

（1）塑造文化内涵，品味灯光艺术。用灯光呈现本地文化韵味，项目分别用春、夏、秋、冬四季的灯光场景变化，把游客带入时空的穿梭体验中。花卉之光雕塑、花之球场、彩虹桥侧板、投射灯等都采用了花卉元素进行设

图4　休闲廊架

图5　灯光艺术与广场的完美结合

图6　仿自然生态，野趣横生

图7　花之球场

计，格栅、栏杆采用现代钢结构和发光亚克力板，结合花卉元素；当夜幕降临时，桥底灯光亮起，展示陈村花卉艺术之美。

（2）图案投射灯、景观植物照明结合投影灯在地面投射趣味图案，背景树安置染色灯，提高观赏性，丰富照明的层次感。

（3）融入花卉元素的彩虹桥、花卉之光雕塑、篮球场，以及由钢化玻璃和钢材打造的特色休闲廊架、艺术坐凳是公园的一大特色与创新，以景观小品、雕塑为载体，展示陈村浓厚的文化底蕴。

（4）种植各具特色的绿植和大量的花卉，形成四季有花、处处有景、季相明显、错落有致的植物景观。黄风铃花四季变化明显，春华、夏绿、秋实、冬枯，赋予不同季节以不同的色彩。

（5）安装了智慧安防视频监控，将智慧型园林体现得淋漓尽致。

（6）运用了自有专利“一种园林用土壤翻松装置”“一种园林用草地整平装置”“一种便于调节的园林树木支撑架”。

四、工程重点及难点

1. 海绵城市系统技术的使用

本项目充分利用透水铺装材料、生态草沟、下凹绿地等手段过滤收集自然雨水，将地面排水、地下管渠收集的雨水汇集到一起，利用种植水生植物的施工工艺进行二次过滤，净化后的水质可以达到景观环境用水的水质标准，提高了雨水回收率与利用率。

2. 新建彩虹桥

彩虹桥桥长 370 米，运用桩长 25 米的深层水泥搅拌桩和耐候钢新型材料打造，桥侧板采用了花卉元素。

3. 驳岸处理技术的运用

坚持可持续发展原则，河道驳岸护坡采用木桩驳岸的防护措施，它的作用是在河岸线上设置一排松木桩，以防止水流侵蚀岸边，体现自然生态、经济环保。利用水生植物有效

图 8　儿童乐园

图 10　趣味跑道

图 9　融入海绵城市理念的滨水碧道▼

图 11　植物与景墙的完美组合

图 12　特色景墙

图 13　园路、广场、植物融于一体

图 14　景观坐椅

图 15　枝叶葱茏，充满活力

图 16　乔木、灌木的搭配

保护驳岸，驳岸是水体的重要组成部分，驳岸植物的配置要追求整体连续的效果，通常以水岸片植与小水域点栽为主。

生态挡墙是一种既能起到生态环保作用，又兼具景观功能，且能防止水土流失的新型挡土墙技术，它可广泛应用于市政建设、生态水利、内河水生态治理等工程中。生态挡墙技术拥有设计先进、施工简便快捷的特点。此结构为整体柔性结构，可适应基础的轻微变形；整体占用土地比较少，可设计成多级挡墙。

4. 利用植物的花期，打造花乡特色景观

种植各具特色的绿植、大量的花卉，运用彩色叶、开花植物，使得植物配置丰富多样，依托靓丽河道，提升城市因水而兴的形象。

5. 精致小品，特色构筑

气势恢宏的彩虹桥、绚丽多彩的花卉之光雕塑、别具一格的休闲廊架和坐凳得到了完美的呈现。项目利用抽象艺术雕塑作为水文化展示的载体，融入水波的抽象外形，结合现代钢结构，打造具有地域文化特色的景观雕塑。

图 17　美丽的狼尾草

图 18　绿树成荫

图 19　置身于草坪的景石与黄风铃花

图 20　荷香水韵

松滋市乐乡公园工程

——福建艺景生态建设集团有限公司

设计单位：深圳园林股份有限公司

施工单位：福建艺景生态建设集团有限公司

工程地点：湖北省荆州市松滋市

项目工期：2017 年 6 月 6 日—2019 年 1 月 23 日

建设规模：26 万平方米

工程造价：11429.86 万元

本文作者：李梦为　福建艺景生态建设集团有限公司　常务副总经理

沈灿辉　福建艺景生态建设集团有限公司　总工程师

罗吓晓　福建艺景生态建设集团有限公司　工程师

图 1　景观特色构筑物

一、工程概况

松滋市乐乡公园占地26万平方米，其中绿地面积18.6万平方米，地面建筑面积2800平方米，运动场地面积5000平方米，是松滋市最大的集健身、娱乐、人文景观、生态休闲于一体的综合性运动公园，并配有集中监控、广播、零售店、公共厕所等设施。

二、工程理念

“城市健康运动公园”是20世纪90年代在国际上出现的崭新概念，现已成为评判一个城市居住环境、生活质量、形象品位的重要标志。乐乡公园正是响应时代号召，建设一座向市民开放的、以运动健身为主题的城市运动公园，为市民提供一个全民健身运动场所，从而提高新区建设的步伐，提升松滋市的整体城市形象。

松滋市乐乡公园以“城市的活力源”为理念，引入“自在乐乡、活力松滋”的景观概念，将乐乡公园作为城市“活力源”，为城市注入活力，增强凝聚力。

三、工程建设特色

松滋市乐乡公园工程位于松滋市城西新区，东临贺炳炎大道，西接白云边大道，北抵玉岭北路，南至规划乐乡大道，是开放型城市公园。作为城市绿地系统的重要板块，与白云边生态园、言程公园一脉相承，形成开放型城市绿廊。它的建设为松滋山水生态城市的构建发挥巨大的生态效益，并形成松滋新城区的“区域绿肺”。

松滋素有“古乐乡”之称，文化历史悠

图2　登云楼夜景

图 3　趣味滑草场鸟瞰图

图 4　铺装广场

图 5　名人景观长廊

久、源远流长，底蕴深厚、积淀丰富。松滋市自清代康熙年间推出著名松滋“古八景”，距今已 300 多年历史。

两条水系贯穿全园，一条由东至西、利用白云边生态园尾水排放构成一条天然溪涧，一条由南至北、由原有人工灌溉渠形成季节性溪流。同时场地内另有多处鱼塘、湿塘，形成城市自然海绵体。

公园内植被覆盖率较高，北侧山地以原生针阔混交林为主，品种单一，季相变化不明显，保留形成公园绿色屏障。南坡以苗圃、耕地为主，可利用率低，开发建设导致部分区域土壤裸露，整个基地范围内土质为膨胀土，后期植物修复与园林建设需重点考虑土壤的特殊性。保护与建设并举，以生态为核、全民运动为导向，以对自然最小的干预，打造大自然的“健身房”。

园区根据场地建设适宜性将公园分为入口展示区、文化康体区、湿地科普区、亲子活动区、乐活健身区、森林保育区六大区域。公园内结合游线及空间特质，布置各种户外趣味运动场地，运动类型涵盖足球、篮球、网球、门球、羽毛球、乒乓球，以及综合性运动，满足不同人群运动需求。同时根据松滋本地居民的游玩和休闲习惯，居民可在活动场开展各类活动，如慢跑、登山、露营、瑜伽、太极、广场舞、滑草、小型观影、滑轮、垂钓、文化交流、儿童游乐等。

四、工程重点及难点

（1）完善山林生态系统，对场地内受损

图 6　游客服务中心

图 7　有氧密林

图 8　集散广场

图 9　景观特色雕塑

的山体进行生态化修复，保护现有山体及其植被，营造植物生态群落。

（2）营建水环境系统与雨洪管理系统，在现有水系基础上丰富水景空间，以渠、湾、溪、涧、滩、塘、旱溪、湿地等多样的水景观形式创造多样的亲水体验；同时利用“渗、滞、蓄、净、用、排”六项措施优化乐乡公园城市雨洪管理功能，实现水生态平衡。

（3）构建能量运动系统，因地制宜融入全民性、全季节性运动休闲项目，为市民免费提供户外运动空间。

（4）植入文化环境教育系统，以线性的自

图 10　好汉坡▼

图 11 登云楼

图 12 登云楼浮雕

然科普游线及点状的文化展示空间组成文化环境教育系统，让市民运动休闲时，对松滋地域文化、历史名人有更多的了解。

（5）坚持因地制宜、适地适树的原则，构建以乡土树种为主要景观的有氧公园，体现植物的地域性，营建一座松滋本土植物展示园。注意不同种类、不同层次、不同观赏特性的植物搭配，注重林相与季相变化，打造四时烂漫、色彩斑斓、引人入胜的植物景观。以科学保护与植被修复为重点，进行林地清理、局部疏伐改造，营造一个生态有氧的绿核景观。滨水区域以松滋本土湿生植物形成乡土湿地植物博览带。

（6）公园内根据各个景观节点的不同类型打造主题性植物空间，如疏林草地、竹园、梅园、杜鹃园、樱园、义务植树林等，营造多样化的环境体验。

入口展示区位于园区东侧，紧邻松滋市文化行政中心，是城市形象的重要展示面，占地约 2 万平方米。施工中对受损山体进行边坡修复，稳定土层后以彩色灌木打造一面体现奥林匹克精神的文化景墙，与七彩花谷一起形成半山环绕的景观通廊，营造一个自由、开敞的开放性入口空间。

湿地科普区位于玉岭北路南侧，占地面积约 1.8 万平方米。局部扩大水域，使用乡土湿地植物和水生植物构建湿地生态园，种植各类挺水、浮水、湿生、沼生植物，以及耐水植物，营建水生动植物栖息之所；临水架设亲水平台、湿地宣教长廊等，营造湿地体验性景观。

森林保育区位主要于山林北侧，占地面积约 11.6 万平方米，将原有山体植被适当清伐，补植色叶树种，丰富季相变化。其间根据地势和景观设有森林瑜伽、有氧步道、生态露营等活动空间。林间随势铺设或石、或木的生态步道，形成康体养生、林间养心、宜景宜养的公园生态屏障。

五、新技术、新材料、新工艺的应用

公园景观系统建设中，假山石的施工采用了新型的假山石 GRC 技术，该技术使用一种将玻璃纤维、砂石、水泥等轻质材料混合后形成的轻质高强材料，具有材料价格便宜、造型逼真、方便长距离地运输和安装的优势，大大提高了施工效率。

图 13　景观生态岛

图 14　亲水平台

图 15　亲子乐园 1

图 16　亲子乐园 2

图 17　生态公共厕所

图 18　康体跑道

图 20　鸟瞰图

图 19　对弈区

水环境系统与雨洪管理系统营造中，公园湿地部分采用了新型生态污水净化处理方法，其原理是在人工填料上种植特定的湿地植物，从而建立起一个人工湿地生态系统。该系统主要利用人工介质、植物、微生物的生物化学作用，对污水、污泥进行处理，具有缓冲容量大、工艺简单、运行费用低等特点。

结合道路和种植地块，在道路和种植地块衔接边缘设置了生态蓄排水草沟，与传统水泥混凝土浇筑的排水沟相比，不仅节约了工程造价，草沟中高透水材料的应用也使雨水经过透水材料的过滤，形成可储备回灌的雨洪管理以及雨水再利用系统，具有低成本、高效能、建造简单等优点。

公园养护采用的亨特 PGP 喷头是园林灌溉设备的革命性产品，Pros 地埋式喷头是可伸缩式喷头，不影响景观视线，喷洒均匀，故障率低。

园区内铺设的户外活动平台采用 ASA/PVC 共挤木塑新型材料制作。该产品采用先进双机共挤技术，一次成型，芯层加入高纤维材料，分子结构稳定，在各种自然环境下，具有超强的耐候性，可免维护。

园区照明采用了以太阳能作为能源的节能灯具，无须电缆铺设，并可以任意调整灯具的布局，安全节能无污染，工作稳定可靠。

新建成的乐乡公园，鸟语花香、充满活力，也将成为松滋市的动力源泉。

项目荣誉：
本项目获得 2021 年中国风景园林学会科学技术奖（园林工程奖）金奖。

湖州江南桃源 A 组团项目大区景观工程

——浙江天姿园林建设有限公司

设计单位：浙江天和建筑设计有限公司

施工单位：浙江天姿园林建设有限公司

工程地点：湖州市吴兴区

项目工期：2021 年 2 月 27 日—2021 年 12 月 3 日

建设规模：18000 平方米

工程造价：982.82 万元

本文作者：王凯峰　浙江天姿园林建设有限公司　项目经理

图 1　景观湖 1

图 2　景观湖 2

图 3　景观湖 3

图 4　景观湖 4

图 5　长廊

图 6　街巷景观 1

一、工程概况

湖州江南桃源 A 组团项目大区景观工程位于湖州市吴兴区，景观施工面积 18000 平方米，总造价 982.82 万元。本项目工程内容主要包括土方平衡、园建工程（含古建）、绿化工程、景观电气工程，以及地形营造工程、场地铺装工程等相关工程。项目主要包含：（1）各类硬质铺装面积 3946 平方米；（2）水景面积约 1500 平方米；（3）长廊、水榭各一座；（4）种植大小乔木及球类 823 株，主要有丛生香樟、造型树、胡柚、杨梅、红枫、水生植物等；（5）灌木色块约 5307 平方米；（6）草坪约 7247 平方米。

二、工程建设特色

本项目是江南新中式园林景观工程，以建筑为基础，将建筑、叠石、水景、花木高度融合，使自然与人和谐统一，借助诗画进行审美点化，在构图布局方面注重诗画意义。主要利用长廊、亭榭、花木、建筑、景石、湖面等物

图 7　街巷景观 2

图 8　街巷景观 3

图 9　宅前景观 1

质实体来表达江南园林的审美理念。同时，项目采用天然植物造型与修剪植物相结合，色彩以绿色为主，并与其他颜色相匹配，从而营造出古典园林的环境氛围。

三、工程重点及难点

1. 项目重点

新中式景观的构建是中式元素与现代材质的巧妙兼容，形成一种独特的景观风格，讲求诗情画意，寓情于景，触景生情，情景交融。项目通过造山、叠石、理水，结合廊、亭、榭、植物等诸多元素，营造小环境，感受到自然山水的韵味，从而使审美主体身心超越感性，物我贯通，进入广阔的艺术化境。

2. 项目难点

绿化苗木种植与中式构点数量多，分布较

零散，施工难度较大。同时在施工过程中，区域内仍有不少住宅楼房尚在施工中，且部分区块施工时发现现场建筑物衔接处标高和位置与图纸有出入。因与土建交叉施工较多，造成景观施工基层、绿化苗木的种植间距、测标高、找平放线、协调布局等无法按计划实施，对施工的连贯性和整体性提出了挑战。我们通过结合现场实际情况进行协调，重新调整施工计划和施工工艺，使之达到了预期的景观效果。

图 10　宅前景观 2

四、新技术、新材料、新工艺的应用

本项目中共使用新技术、新工艺 8 项，新材料 2 项。

1. 新技术、新工艺运用

（1）新型水体循环净化系统应用。（专利号：ZL 2018 2 2165560.9）

（2）新型植物移植装置及自调节式乔木支

图 11　宅前景观 3

图 12　宅前景观 4

图 13　运动场

图 14　巷道景观 1

图 15　巷道景观 2

图 16　前厅组景

图 17　园路景观 1

图 18　景观湖亭子

图 19　景观湖长廊

撑架的应用。（专利号：ZL 2018 2 2165407.6；ZL 2018 2 2167163.5）

（3）节水型喷灌装置的应用。（专利号：ZL 2018 2 2166476.9）

（4）LID 低影响开发技术雨水回收技术应用。（专利号：ZL 2018 2 2167258.7；ZL 2018 1 1573736.2）

（5）乡土植物树种的应用。

（6）花街铺地的应用。

2. 新材料的运用

（1）预制混凝土抛枋的应用。

（2）EPDM 弹性材料的应用。

图 20　园路景观 2

北京观承 31 项目景观供货及施工工程

——北京顺景园林有限公司

设计单位：重庆三研堂房地产顾问有限公司

施工单位：北京顺景园林有限公司

工程地点：北京市顺义区

项目工期：2021 年 7 月 1 日—2022 年 5 月 20 日

建设规模：69704 平方米

工程造价：4442.72 万元

本文作者：刘　涛　北京顺景园林有限公司　项目总监

图 1　互动活动区 1

一、工程概况

北京观承31项目景观供货及施工工程项目位于北京市顺义区，以东方意境为主题回归居住本源，融入现代新工艺，实现人、建筑、自然共生，呈现“六园五十六庭”，营造蕴含自然之美的城市山林。

二、工程理念

1. 园区设计理念

作为空间轴线的开端，园区入口通过铁艺形象大门、大规格乔木，以及多层次植物彰显品质与尊贵感。入口栽种的特选丛生蒙古栎，在简洁背景植物的衬托下更显硬朗气质及尊贵感。

2. 园区主干道设计理念

（1）架树：银杏与北美红枫。

银杏树以其挺拔的姿态和秋季金黄色的扇形叶片著称，每当秋风起时，满树金黄，落叶铺就一条金色大道，为园区增添古典雅致的气息。而北美红枫则以其春季的嫩绿、夏季的浓荫和秋季明艳的红叶闻名，为园区景观带来一抹绚烂，两者交相辉映，四季变换中展现出不同的风貌。

（2）中层：樱花林。

樱花作为中层的主角，在春季花朵绽放时，粉色的花朵密布枝头，如同轻云蔽日，营造出浪漫而梦幻的氛围。樱花的花期虽短，却因其绚烂而令人期待，吸引游人驻足观赏，成为园区的一大亮点。

（3）下层：龟背绿篱。

龟背竹，以其独特的叶片形态——形似龟甲上的花纹而得名，作为下层绿篱，不仅提供了良好的视觉过渡，增加了景观的细腻度，它的常绿特性还使园区即便在冬季也保持生机勃勃。龟背竹密集排列形成的绿篱，既能界定空

图2　互动活动区2

图 3　互动活动区 3

图 4　假山叠水 1

间，又能提供私密性，同时其独特的纹理为整体景观增添了趣味性。

3. 园区巷道设计理念

园区的主要景观空间包括合院巷道和高层宅间景观，植物配置上与景观空间形成呼应。贯穿于宅间的之字形道路，穿插种植榉树、杜仲，营造林荫大道的感觉。灌木与地被植物搭配，宅间自然错落，从而形成了移步异景的景观感受。

4. 园区活动空间景观设计理念

活动区打造特色互动空间，展现蜿蜒曲折的丰富变化，营造梦幻的感觉。这里是孩子的游乐天地，也是邻里交往的公共空间。生活质感与自然之美相互交融。

三、工程建设特色

1. 项目特色：科技型园林管控模式

（1）项目前期使用绘图软件配合 BIM 技术进行管线和种植的空间组合，避免后期的植物和管线的交叉。

（2）施工过程采用实名制电子录入，精细化地控制工人进行信息数据监控。

（3）园区内监控全面覆盖，避免出现视觉盲区、死角。

（4）水景的泥膜制作。

（5）门头的预制成品安装。

2. 水景的特色制作

假山水景制作是一个典型而细致的过程。这个过程不仅融合了艺术创造与工程实践，还体现了设计师对自然美的追求和再现。下面是对几个关键步骤的进一步解析。

（1）制作泥膜。这是假山制作的初期阶段，相当于雕塑中的塑形过程。通过制作泥膜，设计师可以直观地展现假山的大致形态、高低起伏和山体轮廓。泥膜不仅帮助确定假山的整体布局，还能预先展示出山石的纹理细节，为后续工作提供实物参照。

（2）研究景石的码放形态。这一阶段涉及对不同形状、大小的石头如何组合以达到最佳视觉效果的研究。每一块石头的位置、角度都需精心考虑，既要模拟自然界的随机美感，又

图 5　假山叠水 2

要符合整体的设计意图，创造出既自然又富有层次感的景观。

（3）与设计方沟通景观效果。在这个过程中，制作团队会与设计师或客户反复沟通，确保假山的设计理念、风格与周围环境和谐统一，可能需要通过草图、模型或数字渲染等多种方式展示预期效果，收集反馈并进行调整。

（4）现场进行景石的搭配。最后，依据之前制作的泥膜和设计图，在实际场地中进行景石的摆放和固定。这一步是将前期设计变为现实的关键，需要高超的技艺和经验来调整每块石头的位置，确保结构稳定同时达到预设的景观效果。此过程往往伴随着不断地微调，直至达到最满意的效果。

3. 铁艺门头的成品安装

园区内别具一格的铁艺装饰门头，从选料、定规格、加工，到成品现场安装的每一道工序，都被严格把控。为了缩短工期，我们把门头在厂家直接加工成半成品，到现场进行安装，

图 6　南门入口

图 7　休憩区域

图 8　园路 1

从而缩短工期，保证了现场的施工质量。

四、工程重点及难点

本项目的施工难度在于面积大、工期紧，项目部通过对进度、技术、质量综合管理，从中展现的高效管理和卓越执行力是确保项目成功的关键。通过以下几个方面的努力，不仅保证了工程进度，还提升了项目质量，赢得了业主的认可。

（1）优化施工方案与加大协调力度。项目团队在规划阶段就采取了主动的工作方法，通过细致分析和创新思维，对原施工方案进行了优化，减少了不必要的环节，提高了工作效率。同时，加强了内部及与外部合作单位的沟通协调，确保各施工队伍间的工作流畅对接，减少了延误和冲突。

（2）技术攻关与组织管理并重。面对施工中遇到的技术难题，项目部积极组织技术攻关，运用先进的技术和方法解决问题，展现了团队的专业实力和创新能力。同时，高效的组织管理确保了资源的有效配置和任务的有序执行，为项目的顺利推进提供了坚实的保障。

（3）上下游施工内容的精准对接。通过精

图 9　园路 2

心规划和密切监控，实现了不同施工阶段和内容之间的无缝衔接，减少了等待时间和错误，这是对项目整体把控能力的体现，也是保证工期不被延误的重要因素。

（4）与业主的有效沟通。项目团队主动与业主建立良好的沟通机制，及时反馈项目进展，更重要的是，能够基于专业判断对施工图纸及方案提出改进建议。这不仅体现了团队的专业素养，也增强了业主的信任和满意度。

（5）现场植物配置与景观细节的精细控制。在景观效果和景观建设方面，项目部注重生态和谐与美观设计相结合，严谨科学地进行植物配置，对每一个细节都严格把关，确保了最终景观效果的高品质，这直接提升了项目的整体价值和吸引力。

综上所述，项目部通过综合运用管理智慧、技术创新和细致入微的实施策略，不仅圆满完成了工期要求，更在质量与美观上达到了高标准，最终赢得了业主的认可，是项目管理与执行的成功案例。

图 11　园路 4

图 12　园区主路

在技术质量管理方面，通过系统的管理和策划，有效确保了项目的技术质量和施工效率，具体体现在以下几个关键点。

（1）技术质量策划的主导与细化。公司品

图 10　园路 3

图 13　宅间花园 1

质经理主导编制的“技术质量策划”是整个技术质量管理的蓝图。我们通过对各分项工程的技术质量控制点进行全面梳理，不仅明确了控制目标，还制定了实现这些目标的具体措施和资源需求计划；通过合同规划和分层次的技术交底，确保了控制措施得以有效执行，从源头上保障了技术质量标准的落实。

（2）分级管理与流程化控制。我们根据重要性和难度设定不同的管理级别，预先对技术质量控制点进行梳理分级，实施流程化管理，既保证了管理的针对性，又确保了管控的时效性，提高了管理效率。

（3）动态控制与质量纠偏。运用“动态控制”原理，实时监控施工过程中的质量状况，通过数据收集和分析，快速识别质量偏差，及时采取纠偏措施。这种机制强化了对施工过程的主动控制，减少了质量问题的发生。

（4）技术总交底与标准化管理。“技术交底”确保了项目全员对质量目标、控制重点及措施的充分理解，统一了工作标准，特别是通

图 14　宅间花园 2

过规定停止点的标准和时间，使关键节点的管理更加有序和可控，有效预防了常见质量通病。

（5）多层次质量检查体系。通过“进度计划网络图”指导下的停止点检查，建立了从内部自查到技术负责人、监理、甲方多层级的检查机制，层层把关，确保每一道工序都达到质量标准后再进行下一道工序，构建了严密的质量保障网。

（6）质量测评与反馈。项目施工过程中与竣工时进行的质量测评，不仅是对已完成工作的评估，更是对整个项目技术质量管理成效的检验。通过测评结果的反馈，可以持续改进管理措施，不断提升项目质量管理水平。

综上，这些管理创新举措形成了一个闭环的质量管理体系，不仅强调了前期的策划与预防，还重视过程中的动态监控与调整，以及后期的评价与反馈，全方位保障了项目的高质量完成。

图 15　宅间石景

图 16　宅间巷道 1

图 17　宅间巷道 2

图 19　宅间巷道 4

图 18　宅间巷道 3

图 20　宅间巷道 5

五、新技术、新材料、新工艺的应用

（1）使用 BIM 技术呈现景观效果。

（2）施工过程采用劳务实名制与电子录入系统，编制工人进场信息监控数据，园区内监控全面覆盖，避免视觉盲区、死角的出现。

（3）景观水景的泥膜制作。

（4）景观门头的预制成品安装。

（5）采用一种具有水质净化功能的木栈道专利技术。

绿城·青岛理想之城九期二标西云栖地块室外景观工程

——浙江天姿园林建设有限公司

设计单位：杭州亚景景观设计有限公司

施工单位：浙江天姿园林建设有限公司

工程地点：山东省青岛市李沧区延川路117号

项目工期：2022年11月16日—2023年4月10日

建设规模：27200平方米

工程造价：2164.23万元

本文作者：郭　征　浙江天姿园林建设有限公司　项目经理

图1　项目全貌

一、工程概况

绿城·青岛理想之城九期二标西云栖地块室外景观工程位于山东省青岛市李沧区延川路117号，总施工面积27200米，总造价2164.23万元。本工程内容主要包括土方平衡、园建工程、绿化工程、景观电气工程，以及地形营造工程、场地铺装工程等相关工程。

二、工程理念

1. 以居民需求为核心的设计理念

（1）坚持以人为本的原则。在工程设计中，以人为本的原则意味着将居民的需求、舒适度和满意度放在首位。我们通过深入了解居民的生活方式、兴趣爱好，以及对环境的期望，将以人为本作为设计的出发点。这意味着我们不仅要关注视觉美感，更要关注空间的功能性和使用者的体验。例如，在本次设计中考虑了不同年龄段居民的活动需求，提供适合儿童玩耍的场地、老年人休息的区域，以及满足成年人休闲、健身的设施。

（2）满足不同居民群体的多样化需求。居民群体的多样性要求我们在规划时就要考虑兼顾各类人群的需求。对于儿童，我们设计了安全、富有创意的游乐区，设置滑梯、秋千等设施，同时保证安全防护措施；对于成年人，我们设置了运动场地、步行道，提倡健康的生活方式；对于老年人，我们设置了无障碍通道、舒适的休息座椅和阳光充足的活动空间。我们还考虑到特殊人群的需求，如设置无障碍设施，以确保所有居民都能平等享受园林景观。

（3）营造舒适、安全的居住环境。一个成功的园林景观工程应提供既美观又宜居的环境。我们在设计时充分考虑光照、通风、噪声控制等环境因素，以创造宜人的微气候。例如，通过种植高大乔木遮挡夏日阳光，同时保证冬季有足够的阳光照射；利用地形设计，阻挡噪声传播，创造宁静的休息空间。安全是设计中的重要一环，应确保道路平整、照明充足，避免潜在的危险。设计中我们还考虑了本项目园林景观的易维护性，选择易于打理的植物和材料，以降低后期维护成本，保持园林的长期美观和实用性。通过这样的方式，园林景

图2　航拍轴线1

图3　航拍轴线2

观工程才能真正成为居民生活中的一部分，从而提升社区的生活质量。

2. 生态优先的绿化设计

（1）选择适应性强的植物种类。在园林景观工程设计中，选择适应性强的植物种类是实现生态优先理念的基础。这些植物应具备耐旱、耐寒、耐盐碱等特性，以适应各种环境条件。例如，选择本地原生植物，它们往往对当地的气候和土壤条件有极好的适应性，能有效减少后期养护成本，同时对维护生物多样性有积极意义。植物的生长速度、病虫害抵抗力，以及对空气、水质的净化能力，也是选择绿化植物时的重要标准。

（2）配置绿化植被以构建稳定的生态系统。绿化苗木的配置应当遵循生态学原理，构建多层次、多结构的生态系统。这包括设置乔木、灌木、草本植物等多层次绿化，以及配置食虫植物、蜜源植物等，以吸引不同种类的昆虫和鸟类，增加生物多样性。例如，通过设置湿地植物，可以改善水质，为生物提供栖息地，同时也有助于雨水的吸收和储存。在设计时，我们考虑了植物间的相互关系，避免种植相互竞争资源的物种，确保生态系统内部的和谐共生。

图 4　航拍轴线 3

（3）维护生态平衡，促进生态发展。在绿化设计中，维护生态平衡是确保景观长期可持续的关键。这要求我们定期评估植物群落的健康状况，适时进行干预，如修剪、施肥、防治病虫害等。同时倡导居民参与环保教育活动，提高他们对生态环境保护的认识和责任感，如设置生态教育展示区，介绍植物种类和生态知识，通过引入生物控制方法，如利用天敌昆虫控制害虫，减少化学农药的使用，进一步保护和恢复生态环境。

3. 景观元素的细节处理

（1）材质选择与色彩搭配。在园林景观工程中，材质的选择与色彩搭配是塑造视觉效果和营造氛围的关键。不同的材质能够赋予景观不同的性格，而色彩则能够影响人对空间的感知和情绪的表达。本次设计中，我们运用天然石材的质感体现景观稳重和质朴的感觉，而金属和玻璃则能增添现代感和光泽。在色彩上，考虑四季变化，选择能与周围环境和谐共生的颜色，同时利用对比色或互补色来创造视觉焦点，增加景观的层次感和动态感。

（2）照明设计与景观照明。照明设计是景观元素在夜晚展现魅力的关键。景观照明不仅提供功能性照明，还能通过艺术性照明营造独特的氛围。例如，低照度的泛光灯可以突出树木和雕塑的轮廓，而聚光灯则用于强调特定的景观元素。色彩滤镜和动态照明技术，如变色 LED 灯，可以增加视觉趣味性，创造动态的光影效果。照明设计应遵循节能、环保的原则，利用智能控制系统实现节能照明，并考虑减少光污染。

图 5　航拍景观

图 6　景观水景

图 7　景观水池

（3）景观小品与装饰元素的运用。景观小品和装饰元素是提升景观趣味性和艺术性的点睛之笔。这些元素可以是雕塑、喷泉、座椅、花坛、艺术品，甚至是独特的地铺图案。它们应与整体设计风格协调一致，同时也能为人们提供互动和休息的空间。例如，儿童友好的雕塑可以激发儿童的想象力，而艺术化的座椅则可以成为人们休息和社交的焦点。装饰元素的布局应遵循视觉平衡原则，避免过于密集或分散，同时考虑人们的使用习惯和景观的功能性。景观小品和装饰元素的选择应注重材料的耐用性和易维护性，以确保长期的美观和功能。考虑季节性变化，如装饰元素的更换或植物的季节性表现，可以使景观保持新鲜感，增强与使用者的互动。

图 8　景观水系

图 10　宅间景观 2

图 9　宅间景观 1

图 11　宅间组景 1

三、工程重点及难点

1. 水系防渗、净化和循环技术的解决

在防渗方面，我们采用先进的防渗材料和技术，如高分子防水卷材、土工膜等，来提高水体的防渗性能。同时，我们还结合地形设计和排水系统，将水体的渗漏量控制在合理范围内。在水体净化方面，采用生物净化、物理净化和化学净化等多种方法。生物净化主要是通过种植水生植物、投放微生物等方式，利用生态系统的自净能力来净化水质；物理净化则包括沉淀、过滤等物理过程，去除水体中的悬浮物和杂质；化学净化则是适量利用化学药剂对水体中的污染物进行去除。通过这些净化方法的组合应用，达到了最佳的净化效果。在水体循环方面，我们采用合理的循环系统和水流路径，使水体能够持续流动，避免滞留和死水现象。同时，项目还利用水泵、喷泉等设备，增加水体的动力感和活力，再加上补水、排水等措施，保持水体的水量平衡和稳定性。通过这些措施实现了园林景观小区中水系的优美、生态和可持续发展。

2. 精细化铺装的落实

精细化铺装成功与否直接关系该项目直接效果。我们考虑到土方是刚刚回填，用碎石、卵石夯入土中，进行平整，达到无显著轮迹、翻浆、波浪、起皮等不良现象，以加强基土。我们还运用计算机专业软件对花岗岩材料加工尺寸进行计算，让加工厂以红外线数控切割，增加加工精度，有利于铺设。在到场各种尺寸材料分配时不打乱顺序；所有材料必须完整，无破损、裂缝、缺角现象；铺装依施工放线而

图 12　宅间绿茵

定，所有曲线需按方格网放线以保证曲线流畅自然；以尽可能少地切割铺块材料为标准，严格控制混凝土垫层的平整度及水泥砂浆的密实度；铺贴时做到线形流畅自如，接缝圆滑。我们通过建立健全的质量管理体系和安全生产责任制，加强对施工过程的监督和管理，确保施工质量达到预期效果。通过采取上述技术措施，有效解决精细化铺装过程中的难点问题，提高园林景观小区的建设水平和质量。

图 13　宅前组景 2

四、新技术、新材料、新工艺的应用

为确保项目的更高品质呈现，我们大量采用新技术、新工艺、新材料，并形成了诸多专项研发成果，情况如下。

1. 新技术、新工艺的应用

（1）新型水体循环净化系统的应用。本项目中的景观水系使用了新型的水体循环净化系统（专利号：ZL 2018 2 2165560.9）。本设备可以提高水质、减少换水频率，方便工作人员管理并节约成本。

（2）新型植物移植装置及自调节式乔木支撑架的应用。植物移植过程中应用一种树木移植装置（专利号：ZL 2018 2 2165407.6），将到场的树木放在这种装置上进行移植时，可有效减少树木的树冠与地面的摩擦，有利于保护树冠，以保证树木移植后的完整性和存活率。在施工、养护中应用一种自调节式乔木支撑架（专利号：ZL 2018 2 2167163.5），使施工、养

图 14　宅间小径 1

护更为便捷，同时节省了成本。

（3）节水型喷灌装置的应用。本项目在大部分区域使用节水型喷灌装置（专利号：ZL 2018 2 2166476.9），此技术适合花草树木的生长特点，它可以利用滴头，以小流量的水流滋润花草树木根部附近土壤。它有效节约了水资源，并且因为流量小，也就更加节约肥料，满足了园林工程大部分植物的水分和肥料要求，同时减少了园林灌溉的劳动力需求量。

（4）基于低影响开发技术的雨水回收技术应用。隐形雨水回收装置、雨水花园等设施的使用，以及成套雨水回收技术，对自然资源进行科学合理的利用。通过各种处理技术和机械设备的处理，我们将雨水资源进行净化处理，并把雨水资源收集起来，做到整套技术设备与喷灌、水池等设施的充分循环利用。它可以对灌溉用水进行及时的补充，有效地减少在园林灌溉时水资源的用量，节约水资源。该技术主要有收集、存储、净化、再利用这几个方面的优点。（专利号：ZL 2018 2 2167258.7、ZL 2018 1 1573736.2）

（5）乡土植物树种的应用。本项目大量运用了性价比高、适应性强的乡土植物，通过不同的组合手法，构建较强的植物群落。乡土植物存活率高，观赏性强，后期养护压力轻，能达到可持续性的生态效果。

（6）花街铺地的应用。工人用瓦片、各色卵石、碎石、碎瓷片等拼合成各种图案装饰的

图 15　宅间小径 2

图 16　儿童运动场

图 17　特色景墙

园林路面，以瓦片作为线条摆出图形，其他材料为色填充其中，犹如地上锦绣。施工时根据现场实际尺寸定出模数，拉出多条施工水平控制线，确保标高及顺直度。工人在铺设时注意同一海棠花瓣内卵石方向统一，确保大小基本相同。

2. 新材料的应用

（1）古建铝合金材料代替传统木质材料。本项目现代廊架采用了古建铝合金材料，相较传统的木质材料，铝合金材料强度较高、耐腐蚀、材料来源方便、色彩亮丽、施工便捷，同时节约了木材资源。

图 18　入口铭牌

（2）EPDM 弹性材料的应用。该材料具有耐环境老化、耐热老化、耐水性、耐低温性和耐磨性等优点，以及良好的弹性、电绝缘性、色彩稳定性。在本次项目的运动场的使用中，其亮丽、多样的色彩赢得广大住户的好评。

项目荣誉：

本项目获嘉兴市园林绿化学会优秀园林工程奖。

图 19　夜间景亭

图 20　入口花坛

泽盛·江山里景观工程

——金庐生态建设有限公司

设计单位：武汉卓城一盟设计有限公司

施工单位：金庐生态建设有限公司

工程地点：江西省吉安市泰和县

项目工期：2020 年 10 月 6 日—2021 年 10 月 6 日

建设规模：53400 平方米

工程造价：1641.5953 万元

本文作者：袁　强　金庐生态建设有限公司　副总经理、高级工程师

刘留香　金庐生态建设有限公司　工程师

图 1　入口景观▼

一、工程概况

泽盛·江山里景观工程位于吉安市泰和县嘉禾路与泰和路交汇处，工程规模53400平方米，工程造价1641.5953万元。该工程主要包括道路及园路铺装、园建工程、绿化工程、水电照明等。苗木种植主要品种大多采用南方树种，种类繁多，乔木有香樟、丛生朴树、银杏、栾树、紫玉兰、三角梅、晚樱、红枫、垂丝海棠、榆叶梅、花石榴、紫薇、鸡爪槭、红梅、蜡梅等36个品种，灌木有红叶石楠球、大叶黄杨球、龟甲冬青球、金森女贞球等14个品种。

二、工程理念

结合小区的建筑设计，为提高小区的生活质量，绿化时充分利用自然环境，在整个小区内，多以绿色植物为主要自然植物景观，增加整个空间的绿量。居住区内多种植高大的乔木，因为成片的高大乔木不仅可以改善居住区的环境，而且还为低层植物的生长创造了较好的生态条件。高大的乔木下面还可以作为活动、娱乐的休闲场地，并实现绿化的多样性，建立乔、灌、草多层次复合结构的植物群落，增加开放空间的绿化，在有限的空间内创造好的绿化效果，从而为居民创造一个良好的自然环境，让居民能真正感觉到大自然的亲切美好。

图2　小区入口的别致立石

图3　移步小区，开朗明亮

三、工程重点及难点

（1）本项目不同的景点运用不同的点景手法，并利用植物围合而成。具体是通过植物造景，利用不同材质和颜色的铺装及景观小景来划分空间，以此形成多样化的生活休闲场所。铺装线条整齐、表面平整，植物种植做到与建筑风格吻合，兼顾多样性和季节性，进行多层次、多品种搭配，组合成多个特色各异的群落，整体营造了一个舒适、安全、阳光的居住环境。

（2）本项目施工工期短，根据施工图纸并结合现场踏勘分析本工程存在以下难点，针对存在难点，

图 4　小区内园路铺装、苗木种植

在施工前做了细致的分析，并制定了相应的解决方案。现场不具备一次性提供所有施工作业面的条件，同一作业区域内施工队伍多，阶段性施工工期短，交叉作业面大，成品保护困难。施工中存在诸多隐蔽工程，质量控制难度较大。我公司在此项目施工过程中采用了科学施工组织和规模化、高效化、一体化的现代管理模式，提出了实行分区管理的措施，并根据每个单位工程的特点编制了相应的施工方案，在此施工过程中对施工进度控制、质量控制发挥了极大作用，在整个施工过程中减少一些不必要的浪费，降低成本，取得理想的经济效益。

（3）采用乡土树种，提升苗木成活率，减少后期苗木养护成本，避免不必要的资源浪

图 5　曲径通幽

费，栽植方式保证疏朗的种植密度，给苗木充分的生长空间。

（4）大树反季种植遵循设计要求，进行全冠移植，并进行了无树穴设计。为提高其成活率，项目部采用了多样化的植保手段。起苗时尽量保留原根系土壤，运输过程中采取遮阳和保湿措施；种植时保证按设计进行土壤改良施肥，并播撒生根剂，铺垫石子，增加多根透气管；种植后进行遮阳喷雾保湿，滴注营养液，剪枝创口消毒打蜡，大幅度提高全冠移植的成活率。所选的苗材在栽植以后不仅成活，而且一次成形、长势良好，在项目完工后即展现了高质量的观赏效果。

（5）本项目将植物按照合理有序、丰富多变的形式组织起来，使植物功用达到最大化。

图 7　儿童游乐场

图 8　风筝草坪，自然感性

图 6　儿童乐园与周边景观完美结合

进行植物配置时，除了利用树木进行孤植、群植、丛植、散点植等基本形式之外，还将不同植物类型组织起来，形成复合的混合种植结构，做到乔木、灌木、草本植物的结合，高、中、低的搭配，立面上形成丰富的层次。在平面布局上利用植物组织围合空间，形成开朗的草坪、林荫空地等多种不同的活动与观赏空间。通过立面和平面的布局，使形状、色彩、质感、季相变化、生长速度、生长习性等有差异的植物相匹配，创造出更优秀的景观效果。

四、新技术、新材料、新工艺的应用

1. 新技术

（1）因工地面积大，同时有大范围绿化养护需求，降尘及洒水作业每天最少两次，为了有效解决现技术中洒水的喷洒范围小，喷洒效果差，现有的敞口作业装置不能变换结构，使用起来不方便的等问题，公司应用了一种新型环保市政道路洒水作业设备的相

图 9　建筑物前的植物组团

图 10　楼前小道边景

图 11　乔木、灌木搭配种植

图 12　小区门一角景观

图 13　小区内乔木、灌木种植

图 14　楼前拐角植物组团

图 15　休闲廊架景观与边景

图 16　小区园建绿化局部景观

关专利（专利号：2018101181746）。通过机架上设有的敞口作业装置，利用滑槽使作业更方便。

（2）公司质量控制小组进驻项目部，重点研究了提高复合柔性阻隔墙自凝灰浆流变质量合格率、提高仿花岗岩块料路缘石施工质量一次验收合格率、降低智能建筑工程系统联调时网络异常次数、提高水泥稳定碎石基层施工合格率、提高园林植物中原生植物一次性成活率等课题，大大提升了工程质量，同时这些研究成果在2023年江西省工程建设质量管理小组竞赛上均获奖。

2. 新材料

在运动休闲区和儿童游乐区大量运用了新型材料硅PU材料和复合型EPDM彩色颗粒。硅PU材料具有易施工、易维护、耐磨性高的特点。复合型EPDM彩色颗粒具有适当的弹性、卓越的耐磨性能，以及抗臭氧、抗紫外线等特点，并且色彩美观。

3. 新工艺

铺装石材通常采用水泥砂浆铺贴法，在安装期间板块会出现类似水印一样的斑块，甚至泛碱。因此在本项目施工中，重要部位的墙面石材和铺装石材采用了胶贴和干挂的施工工艺。干挂工艺铺贴时，基层使用钢骨架，再用不锈钢挂件将其与石材连接施工，有效地避免了泛碱现象，提高了装饰质量和整体美观效果。

图 17　宅间绿化

图 19　错落有致

图 18　植物层次设计

图 20　中央草坪内仿真动物雕塑品

悦和里项目景观工程

——北京顺景园林有限公司

设计单位：北京源树景观规划设计事务所

施工单位：北京顺景园林有限公司

工程地点：天津市武清区

项目工期：2022 年 3 月 1 日—2022 年 8 月 31 日

建设规模：59566 平方米

工程造价：5565.06 万元

本文作者：邹洪卫　北京顺景园林有限公司　项目总监

图 1　单元入户

一、工程概况

悦和里项目景观工程位于天津武清区，该项目结合“溪水桃源”主题，打造“寻溪、见溪、栖溪、游林、归园”景观序列，以及“怡景、怡动、逸趣、学知、童梦”五处宅间场景，呈现伴溪而归和林下而居的生活意境。项目建筑简约轻奢，园林整体风格与之协调统一，融入现代设计手法，呈现四季有景，可赏、可闻、可玩的园林景观，为业主提供了丰富多彩的公园式生活体验。

二、工程理念

项目入口空间景观采用对植、自然组团种植等简洁方式，彰显社区品质感。归家序列由入口门庭缓缓展开，城市的喧嚣渐渐退却。项目呼应“溪水”主题，主轴序列空间伴随自然、流畅的曲线徐徐铺开。空间层次递进，移步换景。曲折的动线上布置潺潺水系、多重植物组团、点景大乔木、阳光草坪、休闲廊架等节点景观，这些节点空间的变化，为业主们打造了一个开放丰富的户外体验空间。人们在流连景观空间的同时，能回归生活的闲与慢。横向宅间景观呼应纵向主轴景观，将自然与生活相结合。宅间专属花园遵循自然、注重体验，融合健身、休憩、观赏、游乐等功能，为业主们提供多元的活动场地。全年龄段人群都可以在这些场所里互动，找到生活的诸多乐趣。1000 米的景观体验式健身跑道贯穿全园，可

图 2　旱喷

图 3　花园景墙

图 4　入口空间 1

图 5　入口空间 2

使居住于此的人们收获健康和愉悦的心情。

三、工程建设特色

1. 水景

主轴中央的大水景为弧形多级跌水，总长112米，其独特的造型对于施工、防水提出了更高的要求。重点处理混凝土结构与金属交接处，避免出现渗漏。水景立面、挡水石、溢水石采用定制的弧形丰镇黑石材，挡墙喷饰白色氟碳漆，营造精致的现代格调。水流逐级跌落，形成连续变化。

图6　特色水景1

旱喷为项目景观增添了观赏性和趣味性。旱喷整体结构由混凝土浇筑，定制的弧形线性收水沟精细收边。自动化控制12组喷泉，通过石材缝隙和收水沟集蓄回收水，实现循环利用。

2. 钢结构

中央花园廊架顶板为双层异形钢结构，由异形板面密封拼接。上层以

图7　特色水景2

图 8　特色水景 3

槟金色氟碳漆喷饰，下层采用穿孔铝板内置发光组，在夜晚呈现出点点星河的效果。顶面副龙骨为拉弯方管，以 H 型钢梁与圆管钢柱全焊链接。

3. 铺装

园区铺装以仿石砖和石材两种形式为主，石材采用芝麻黑、芝麻灰及芝麻白火烧水洗面，仿石砖采用仿芝麻黑、芝麻灰、芝麻白生态砖，铺装形式采用曲线路及跳色曲线，弧形水刀切割排版。在施工过程中，严格把控石材对缝和铺贴平整度。

图 9　休闲平台

4. 种植

悦和里的植物空间丰富多样。依据季相变化，我们与设计院一起对植物进行优化配置，选种碧桃、早樱、海棠、紫薇、木槿、美国红枫、金叶国槐、玉兰等观赏性植物。

图 10　休闲长廊 1

花园宅间栽植以自然与规整相结合。精致的植物群落构成丰富的绿化空间，让人产生拥抱大自然的幸福感。

四、工程重点及难点

本项目面积大、质量要求高、施工工期紧。我们充分利用自身多年积累成熟的进度、技术、质量管理的优势，结合项目实际，进行了创新应用。

1. 施工工期的落实

（1）将设计阶段和施工阶段纳入统一的进度控制，整体运营，前期投标时明确了植物和材料意向，同时将场外材料加工列入进度控制范围，做到设计—准备—施工无缝衔接，将设计、招采纳入进度计划，统筹管理。

（2）针对本项目分部分项工程多、可变因素多的特点，在园林施工项目中创新应用“进度计划网络图”实行进度控制，每日比对实际进度和计划进度，如超过允许偏差，就综合运用各种措施进行纠偏，保证关键路径关键工作工期的实现。

（3）利用公司的组织和资源优势，对进度节点的调整实行分级管控，3 天以上的进度调整须报公司批准，对资源依赖性强的关键工程，从公司层面保证资源的供应。

（4）出现因外部因素影响工期时，及时向甲方预警，并针对落后时间提出相应的施工进度方案，做到动态管控，实时跟踪。

2. 技术质量管理

技术质量管理方面，从设计、准备、施工等环节进行全流程把控，保证技术落地。主要从以下几方面做了管理创新。

（1）由项目经理主导做项目技术质量策

图 11 休闲长廊 2

划，对各分项工程的技术质量控制点做了全面梳理，并拟订相应的保证措施和资源需求计划，通过合同规划和分层技术交底保证控制措施的落地。

（2）预先对技术质量控制点进行梳理分级，实行流程化管理，保证了管控时效性。

（3）利用“动态控制”原理，对施工过程质量进行控制，及时收集现场质量信息，对比质量目标值，发现质量偏差，分析原因，采取相应措施进行纠偏。

（4）由项目负责人主导对项目进行技术总交底，使项目全体参与人员知晓各专业各分项的质量目标，效果质量控制的重难点，以及对应的控制措施，同时规定了各停止点的标准和时间，使项目各主要节点处于受控状态，并规定预防质量通病的技术措施。

（5）项目施工阶段通过“进度计划网络图”对各区域各工序进行停止点检查，做到内部自查—技术负责人检查—监理、甲方检查的规范流程，每道工序合格后方可进行下一步工序，确保质量效果。

（6）项目过程中做完工质量测评，项目竣工时做竣工质量测评。

五、新技术、新材料、新工艺的应用

（1）施工过程中使用二维码进行苗木信息管理。

（2）一种园林害虫收集器。

（3）一种园林养护用树木躯干涂抹装置。

图 12　艺术廊架 1

图 13　艺术廊架 2

图 14　园路种植 1

图 15　园路种植 2

图 16　园路种植 3

图 17　宅间花园 1

图 19　宅间花园 3

图 18　宅间花园 2

图 20　中心花园

芜湖古城三处重点建筑工程

——常熟古建园林股份有限公司

设计单位：黄山市建筑设计研究院

施工单位：常熟古建园林股份有限公司

工程地点：安徽省芜湖市镜湖区古城地块

项目工期：2021 年 11 月 22 日—2024 年 1 月 19 日

建设规模：2428.54 平方米

工程造价：12701.66 万元

本文作者：卜瑜宏　常熟古建园林股份有限公司　副总经理

徐　欢　常熟古建园林股份有限公司　古建事业部项目经理

袁　逸　常熟古建园林股份有限公司　研发部副经理

图 1　大木结构 1

一、工程概况

芜湖古城三处重点建筑工程位于安徽省芜湖市镜湖区古城内，施工区域为三处重点建筑群，分别为衙署工程、城隍庙工程和文庙工程，均为木结构古建筑。其中县衙署、城隍庙位于古城中心位置，文庙位于环城东路西侧、古城东南角。项目总造价为 12701.66 万元。

通过对芜湖古城的历史文献、考古发掘、现状遗存进行研究梳理，遵循保护遗产、继承文化、科学规划、严格保护的原则，在总建筑面积 1006.5 平方米的县衙建筑群中，复建建筑大致按明嘉靖、万历年间增修后的状态设计施工。总建筑面积 752.65 平方米的城隍庙建筑群，除仪门为修缮工程，其余为复建工程，复建建筑采用南宋早期风格。总建筑面积 669.39 平方米的文庙及学宫建筑群中，文庙区复建建筑采用清乾隆、嘉庆年间芜湖地域传统公共建筑做法；学宫区复建建筑采用明早期芜湖地域传统公共建筑做法；庙前广场为遗址保

图 2　大木结构 2

图 3　大木结构 3

图 4　斗拱

图 5　廊▼

护工程；植物配置整体上体现庄严肃穆气氛，整齐有序，稳重华贵。

二、工程理念

芜湖古城是芜湖历史印记和地域文化的载体，是城市生活人群的“集体记忆”。中国古代传统县城格局中代表城市“管理”“祭祀”“文教”的公共功能建筑物，都保留了部分文化遗迹，其格局在历史文献中都有明确记载，与古城中保留的传统街巷一起支撑起古城的骨架结构，是古城中的重要文脉，以及价值的核心体现。

作为芜湖古城的重要标志建筑，县衙、城隍庙、文庙对芜湖的城市格局在历史上起到了决定作用，直到现在还存有不同程度的遗迹，延续了芜湖传统城市中的场所精神，是古城文化与历史的代表，因而规划中选择对这三处进行复建。

图 6　梁

图 7　门窗

图 8　木结构

图 9　配殿▼

图 10　戗角

1. 衙署工程

县衙位于马号街与十字街交汇口处，目前现存有衙署前门，由石台与石台上的建筑组成，处于古城北部的最高点。根据清代芜湖城图，县衙位于新兴街与马号街之间，呈狭长形南北向分布，建筑始建于宋代，屡废屡建，现存木构建筑为清同治年间重建，石台基座保存有部分宋代构件，其形制保持了中国早期高台建筑的特征，在安徽省内较为少见，具有较高的历史价值。在古代，县衙是城市政治生活的核心，整个城市的行政、法制、税收等管理活动都在此进行，是古代城市中最重要的公共建筑。

根据舆图，本次设计对衙署门前的丁字形空间进行保留放大，形成门前广场空间，与南边的花街相连接，与南门湾沟通，构成古城北部的一个空间节点。同时对衙署前门进行修缮设计，恢复前门旧貌，控制县衙建筑群的南北轴线。根据县衙的形制要求，前门、仪门、亲民堂（大堂）、琴治堂（二堂）构成了县衙的主要轴线，在轴线东西对称分布有六部房、主簿衙、典史衙等。

图 11　墙

2. 文庙工程

文庙复建规划由三条轴线组成，由建筑群组成的南北主轴线、副轴线与由迎秀门（东门）控制的东西轴线。南北主轴线由入口依次为大成门、大成殿、明伦堂组成，为前庙后学的典型文庙形制。主轴线第一进东侧布有碑亭

图 12　牌坊

图 13　山墙

图 14　十殿阎王

与碑廊，放置诸碑刻；第二进设有魁星亭，与碑廊相连。

根据城图记载，对文庙外南部主轴线上的状元桥、泮池、大成坊进行恢复，轴线南端以照壁收头，与文庙建筑群一起形成文庙的完整空间序列。南北主轴线西侧有西便门与副轴线相连，轴线依次布置有乡贤祠、尊经阁。东西轴线由迎秀门控制，其与西仪门限定了文庙的前广场，为儒林街的东端，是沟通古城与外界地块的转换公共广场。文庙东面的“城墙”设计成不连续的构筑物形式，既延续了“城墙”界面的完整性，也保证了从环城东路看文庙的整体景观效果。

3. 城隍庙工程

城隍庙建筑群规划为南北轴线，山门沿东内街后退，与门前照壁形成了街道上的放大空

图 15　亭

间，加强了南北空间轴线。轴线由南到北依次为山门、显佑殿、寝殿，山门东西两侧设置钟鼓楼。

城隍庙与信息中心之间的空地作为公共露天剧场，与城隍庙由西便门相连，为城市提供公共活动空间。对娘娘殿进行修缮，作为剧场的临时戏台。

复建和修缮这三处历史建筑群有利于提升芜湖城市文化；有利于将芜湖古城打造成 4A 级景区，成为城市会客厅、文化展示窗口和文商旅跨界新地标；同时也是从历史文化遗产中感悟和增强文化自信的需要。

三、工程建设特色

1. 文庙工程

文庙的主要使用功能为文教类地域传统公共建筑，建筑形式为木结构古建筑。文庙工程分为四个区域：遗址展示区、庙前广场、文庙区、学宫区。文庙内大成殿为现有建筑，另有考古发现的泮池、大成坊、状元桥及甬道遗址，其余均不存，为复建建筑。

遗址展示区主要有输水道遗址、甬道及甬道遗址、状元桥遗址、大成坊、洋池及大成桥；庙前广场主要有权星门及权星门遗址、腾蛟坊及起凤坊；文庙区主要有戟门及左侧名宦祠右侧乡贤祠、东西虎廊、大成殿及月台；学宫区主要有儒学门及东西斋房、明伦堂及左侧祭器库右侧官书寇、碑廊、尊经阁、启圣殿、观德亭。

芜湖文庙建筑群为砖木结构，复建建筑以芜湖地域传统公共建筑风格为主，借鉴徽州地区的传统建筑做法，设计中注重传承非物质文化遗产，保存传统的建筑形制、建筑结构、建筑材料和建筑工艺，完整体现芜湖地域传统公共建筑的技术特征。

（1）文庙区复建建筑采用清乾隆、嘉庆年间芜湖地域传统公共建筑做法。大成殿为现存建筑，只进行古建筑修缮。

（2）学宫区复建建筑采用明早期芜湖地域传统公共建筑做法。

（3）庙前广场复建建筑采用明末清初芜湖

地域门、坊传统做法。

(4) 遗址展示区据考古发掘成果，进行保护、展示。

2. 城隍庙工程

本工程主要使用功能为祭祀类芜湖地域传统公共建筑，按南宋时期风格修复。其中仪门为古建筑修缮，照壁为复原，其余均为复建。

本工程建筑形式为木结构古建筑。照壁是依据20世纪30年代所摄城隍庙照壁照片，采用传统做法进行复原设计。复建建筑采用南宋早期风格，以芜湖地域为主，借鉴明代徽州地区的传统建筑做法，设计中注重传承非物质文化遗产，保存传统的建筑形制、建筑结构、建筑材料和建筑工艺，完整体现芜湖地域传统公共建筑的技术特征。原规划文本方案在大殿前设计了卷（抱）厦，据文献记载为清代乾隆五十五年（1790年）添建，与始建年代相差600多年，重建大殿既已明确为南宋风

图16 屋面1

图17 屋面2

图 18　衙署

格，因此设计不做抱厦。唐宋时期法定营造尺，宋尺一般采用 30.75 厘米，南方民间建筑主要使用浙尺，约在 960—1368 年间，1 尺 = 27.5 厘米，苏州玄妙观三清即为此尺。莆田为 29.4 厘米，福州为 30 厘米，宋元时南方几座建筑为 31.1 厘米。

3. 衙署工程

芜湖县衙建筑群为芜湖地区传统公共建筑修复工程，其中谯楼承台为修缮工程，其余为复建工程。除谯楼恢复宋貌外，其他设计以明代为基准，复建建筑大致按明嘉靖、万历年间增修后的状态设计，以芜湖地区传统公共建筑风格为主，借鉴明代徽州地区的传统建筑做法，在设计中注重传承非物质文化遗产，保存传统的建筑形制、建筑结构、建筑材料和建筑工艺，完整体现芜湖地域传统公共建筑的技术特征。

谯楼修缮设计按文物管理要求，衙署谯楼（前门）承台为宋代遗构，平顶门洞，据《芜湖古城规划导则》要求，“恢复前门旧貌”，按宋制重檐歇山进行设计。

谯楼前“吴楚名区”“安阜”“清晏”等三坊和“旌善”“申明”二亭，按明代万历时期的风格设计。

仪门以北所有建筑取明中期风格。衙东、西花园方案设计，采用明代郡圃风格，辅之以部分清代手法。为保持县衙建筑群的整体效果，谯楼与仪门间的围墙位置，采用遗址隐喻设计手法，将墙基按传统做法砌入地面，与室外地面齐平。

四、工程重点及难点

本项目施工内容包括仿古建筑、大面积铺装、水池、景观绿化等，在木材、石材、油漆、门窗等材料的选用，景观搭配，整体效果协调一致等方面要求高，对施工的质量也有很高的要求。

木结构加工的全过程由“香山帮传统建筑营造技艺”非物质文化遗产传承大师蒋云根等人指导监督完成，体现了“非遗”传承大师的匠心营造技艺。建筑木构件的加工过程中使用了 BIM 技术，结合数控机床进行加工，提高了加工精度和效率，保证了木构件质量和品质，同时克服了现场作业的场地局限、环境污染、效率低等问题。

对现有古建筑木结构节点榫卯连接处采用FRW有机阻燃剂全覆盖喷涂工艺，使节点榫卯构件达到耐火极限，确保榫卯节点处在恶劣环境下不松动、不变形，既不影响古建筑的原貌，又可通过处理局部达到保护整体建筑的目的，这是确保木结构古建筑着火后保持原状、延缓坍塌的有效措施。

本项目有大面积的石板和花岗岩铺装施工，从路基的开挖到最后的铺装，每道工序都达到设计及各项规范要求。其中路基夯实度、结合层的厚度及浇筑工艺，避免了局部区域下陷导致石材高低不平，从而影响整体美观。在材料进场过程中，严格把控材质和色差，做到高材质、无色差，达到预期的景观效果。

整个项目均为全木构件，梁上有雕刻。由于构件尺寸较大，无法在烘房进行最佳含水率的控制，因此在木构架安装完成后，没有按常规做法立即进行油漆施工，而是等待木构件自然风干达到最佳含水率后，才开始做油漆，保障油漆的效果和整体施工质量。屋面均为传统木结构屋面，防水等级均为Ⅰ级，二道设防。

图19　衙署水池

图 20　尊经阁

五、新技术、新材料、新工艺的应用

1. 檩条及木柱的固定结构

在木结构施工过程中，按照公司实用新型专利“一种仿古建筑的檩条及木柱的固定结构”（专利号：ZL201520718672.6），在檩条和木柱一侧设置一个基座，檩条和基座通过螺丝连接，木柱上方设置有截面为半圆形的放置槽。此方法既简化了檩条及木柱的固定结构，又保证了檩条和木柱的牢固程度，加强了整体稳定性。

2. 历史街区修缮工程用施工装置

在施工过程中，按照公司实用新型专利“一种历史街区修缮工程用施工装置”（专利号：ZL202121158221.3），通过在现有装置的载物板下端增加了连接件和操作杆，使工作人员不需要爬上外架即可组装载物板，使组装装置更加方便快捷。再通过连接件和操作杆将载物板取下，取下的过程就更加安全，操作杆可在连接件的下端进行旋转，在拆卸下载物板后，使载物板整体占用空间不再增加。

香绿轩若初园

——秦皇岛闲庭文化艺术发展有限公司

设计单位：秦皇岛闲庭文化艺术发展有限公司

施工单位：秦皇岛华文环境艺术工程有限公司

工程地点：秦皇岛市北戴河区

项目工期：2019年4月1日—2020年3月31日

建设规模：10000平方米

工程造价：3489万元

本文作者：张爱民　秦皇岛闲庭文化艺术发展有限公司　董事长

图1　香绿轩总平面图

一、工程概况

香绿轩酒店所在园林取名“若初园”，位于秦皇岛市北戴河区怪楼艺术片区河北画院及其北面林地，东邻怪楼公园，西邻园林局和蒋世国梅墨生艺术馆，北侧为王铁艺术馆和歌华营地。林地面积约 10000 平方米。

香绿轩及其若初园的建造，基于中国古典园林的意象表达，结合女性身心疗愈的健康初衷，引入了积极的、超然的婚恋观与人生观。愿每一位来访者，都能访自然之意趣，寻身心之安宁。

设计中强调“在地”概念，无论是新建建筑物还是园林苗木的选配等，均与所处的地理位置以及形成于其上的文化、风土等地域特性有着相辅相成的依附关系，是对天人合一、因势造物、自然天成思想的延续与传承。“在地”设计特性源于自然环境和地域生活，依据地形地势、气候条件和生活方式。建筑的空间组织、建构、材料等因地制宜、因材致用，有机灵活地适应自然与气候，与环境相得益彰。设计保留园中的原始植被，遵循自然规律，合理补种适合本地生长的其他各种苗木。依据现场地势特点，活用园林景观元素，如，石、水、木等，竭力打造独特景观园林。

二、工程理念

园林整体设计灵感来源于中国传统古典园林以及与若干朝代有关园林的绘画。在保留林中原有苗木的基础上，采用石材汀步铺设辅路，采用灰砖铺设主甬路。障景叠山，园林私

图 2　主入口

密性佳，是亲朋相聚、商务会谈、小型聚会、身心休养、婚纱摄影取景地的不二之选。园中保持四季常绿，四季美景。主水系之外联通叠山小水，灵动自然。林中园筑仿若山水墨迹，浑然天成，展廊中书画遍布，文化气息浓郁。园林设计强调文化与生态的结合、传统与现代的融合、传承与创新的谐和。

“若初园”的名称来源于纳兰性德《木兰词》中的“人生若只如初见”，意在表达对人生美好如初的愿望。从出生的婴儿时期，到垂垂老矣的生命尽头，人生旅途的“若只如初见”也体现在爱情中，体现在从爱情最初萌芽的相遇到最后终老一生的相守。生命与爱是藏在人们心中最美好的回顾与期盼，便是“若初”。

若初园南侧内园依据江南园林的风格建造。园中太湖石置，水系贯通，板桥曲折，游廊错落，配以经典园林小筑，取其精髓，结合现代材料重构经纬。

内园的“与君轩”，设计灵感来自苏州拙政园的与谁同坐轩。“与君轩”依水而筑，构作扇形，其屋面、轩门均成扇面状，小巧精雅，别具一格。“与君轩”名称取自汉乐府《上邪》：“我欲与君相知，长命无绝衰”。代表男女之间坚贞不渝的爱情，是海枯石烂，至死不渝的承诺。

“与君轩”西侧，“见欢亭”与“宛在亭”隔桥而立，“怡颜斋”处于两亭之间。

“见欢亭”设计灵感源自网师园的冷泉亭，此亭亦为美国大都会明轩取法之亭。其名称取于“相见欢”词牌，意在表述两情相悦之时，相见即欢。

图 3　与君轩

图4 怡颜斋、见欢亭　　图5 宛在亭　　图6 莺花厌我庐

“引壶觞以自酌，眄庭柯以怡颜”，陶渊明的《归去来兮辞》是对“怡颜斋”的绝妙注解。其设计灵感来自网师园的殿春簃，富有明代庭园建筑工整柔和、雅淡明快、简洁利落的特色。“怡颜斋”集茶室、书斋、琴坊等多功能于一体，在此，既可观林泉之景，又可酌你我之情。

“宛在亭”设计灵感源自无锡寄畅园知鱼槛。方形亭式水榭，临水而坐的游人可倚此观景。“溯游从之，宛在水中央”，“宛在亭”的名称则来自诗经《蒹葭》。这里既有对美好爱情的执着追求，又夹杂着爱而不得的失落与惆怅。

“香绿轩”主体建筑北侧的八角“莺花厌我庐”是一个洋派建筑。将原遗留建筑物加以利用，但依然和谐在中国传统园林的意境之中。亭子名称取自元曲《殿前欢》中的：“莺花厌我，我厌莺花。”繁华落幕，红尘已渡，留在心中的，只是曾经的山水江湖，一切终将回归自然。

“香绿轩”主体建筑东侧，即“若初园”的外园部分，设有两亭，设计灵感来自宋代园林绘画《独乐园图》。其一为“俟我亭”，名称取自《诗经》：“静女其姝，俟我于城隅。”相约时的等待，相见时的欢喜，在这里显露无遗。其二为“惹香亭”，名称取自唐代温庭筠的《酒泉子》：“罗带惹香，犹系别时红豆。”送别后的牵挂，离别后的相思，在这里淡淡地发酵。

“俟我亭”北侧有一环形廊，名为“烟霞相许”。设计灵感源自清代袁江绘制的《梁园飞雪图》。该廊以趣味围合树木形成半包围的景观环境。明代陈继儒在《小窗幽记》里写道：“以江湖相期，烟霞相许；付同心之雅会，托意气之良游。”爱之于你我，亦可以江湖为期，以烟霞为诺，灿烂、长久、美满。

“色色坊”提供鲜果榨汁、冷饮及甜品。“色色坊”的设计从明代文徵明的古画《浒溪草堂》中得出灵感。高木浓荫，掩映草堂，帆樯林立，屋宇错落。老子的《道德经》里说：“五色令人目盲，五音令人耳聋，五味令人口爽，驰骋畋猎令人心发狂，难得之货令人行妨。”我们对于事物的追求都该适度而为，不可过度沉迷。口腹之欲如此，男女情爱如此，人生一切亦如此。

北园中有一多功能展廊，名为“塑我”。设计灵感来源于明代沈周所绘的《苏州山水全图·山塘》，仿古造型，曲折穿插，引人入园。该名称取于元代管道升的《我侬词》：“把一块泥，捻一个你，塑一个我。将咱两个一齐

图 7　俟我亭、惹香亭

图 8　塑我廊 1

打破，用水调和；再捻一个你，再塑一个我。”一方面表达男女双方在拥有坚贞感情的同时要共同进步，共同提升修养、学识，真正做到肉体与灵魂的比翼齐飞之意。另一方面也是引发人们不断丰富自身，重塑自我的思考，无论身处少年、中年、老年的哪个人生阶段。

展廊东侧尽头，临近大假山处有一“息心楼”。其设计灵感来自清代袁耀所绘的《山庄秋稔图》，四角撑空，傲然耸立，便于独思。南北朝吴均的《与朱元思书》中有“鸢飞戾天者，望峰息心；经纶世务者，窥谷忘反”之句。“息心楼”的名称则源于此。其设立是为

图 9　塑我廊 2 ▼

了告诉人们，当息则息，当止则止。人之能力有限，尽最大努力后，需坦然面对自然结果。

与“息心楼”东西相望之琴房“适庐”，设计灵感来自明代著名收藏家项墨林绘制的田园短轴以及明代画家吴彬所作《米氏芍园图》中的勺海堂，其造型古朴，环境幽安，室内与户外传起自然之音。《世说新语》里说：“人生贵得适意尔”，荣华富贵皆是身外之物，名利地位终将成为过眼云烟，只有选择真正适合自己的，将人生过得舒适才是最珍贵的。适庐名称来源于先秦《诗经·国风·郑风·野有蔓草》中：“邂逅相遇，适我愿兮”。愿人生中所有的不期而遇都恰好适合我心，爱与适同时发生，爱而适

图 10　息心楼

图 11　适庐手绘图

图 12　适庐▼

度，爱而舒适。

“适庐”的西南侧是“随坊”。我们尊重每一份不同，没有哪一种风格，可以定义“我”。元代李德载在《阳春曲》中写下：“归去来，随处是蓬莱”。人生最好的状态，便是随心、随意、随缘。来者珍惜，去者放手；随性而往，随遇而安。

“随坊”东侧有一“无涯台”，名称来源于五代词人顾敻的《酒泉子》：“谢娘敛翠，恨无涯，小屏斜。”世间情爱乃至人生旅途并非皆为圆满，难免辜负怨恨。庄子曰：“以有涯随无涯，殆已”。生也有涯，而情也无涯，将心事寄与清风朗月，便可少几分怨恨，多几分淡然。

北园还有一小庭院，坐落在“塑我”展廊的西侧，名为“不思茶庭”。其设计灵感来自著名的日本京都府的桂离宫。竹栏围合，白沙点缀，石灯闪烁，饶有日风。诗经《褰裳》中言：“子不我思，岂无他人？狂童之狂也且！”“不思茶庭”意在引领女性拥有自信、向上的爱情观，不做感情里的弱者，不沉迷、不纠缠，永远保持自我，保持洒脱与豁达。

“息心楼”假山西侧是“上林阁”。“上林阁”是古今建筑元素结合的典范作品。作为园林主建筑，采用现代和传统材料结合而建造。林间尽是自然草木之面貌，返璞归真之气息。

图 13　随坊 1

图 14　随坊 2

图 15　无涯台▼

图 16　不思茶庭 1 ▼

古有“上林苑”，今引“上林阁”，“上”代表了地位等级的尊贵，也有“向上”之意。“若待上林花似锦，出门俱是看花人”，美及上佳的园林，是众望所归之所。

三、工程重点及难点

移植乔木时，由于吊车现场探臂长度有限，无法延伸到准确的种植位置，我们考察现场，决定从邻近的单位院内想办法，经过几次

图 17　不思茶庭 2

图 18　上林阁 1

图 19　上林阁 2

的现场协商及测量查看，终于找到合适的位置，实现了精准移植。

由于园区原始乔灌木密度很大，给景石的铺设和新增苗木的种植带来了一定的困难。经过多次的测量和设计商议，选择合适的林间空地，见缝插针，同时配合吊车及人力的努力，成功地完成各种布置。实现效果自然无痕迹地与原始苗木融为一体。

四、新技术、新材料、新工艺的应用

园区中部的水池池壁采用虎皮石板材铺贴，采用益胶泥材料铺贴勾缝，达到了很好的抗渗、防水和抗冻裂的效果。

园林内多处采用了不同款式和功能的太阳能灯具，具有灵活布置的特点，可以根据园区活动性质的不同而布置，这个特性明显优于固定式灯具布置。

园中有两处生态水池。第一步，根据设计的要求先大致挖出水池的形状，调整原土层，采用黄泥铺设池壁及池底，夯实并精修出形；池壁处理成梯状结构，便于以后铺设石头或布置植物。第二步，铺设渗透膜，采用两层土工布，中间用防渗膜，以免被尖刺或其他硬物穿透。第三步，放水不宜太多，应该随池形及铺设的石头、种植的植物设置水面高度，高度约在石头的一半位置，这样才会显得野趣盎然、自然生动。

园中的主体建筑均采用轻钢结构架构，辅以高强复合基层板加保温隔热材料衬底，稻草漆或外墙肌理涂料作为外墙表面装饰，取画中古意，摒弃烦琐，汲取古建筑精髓，用现代工艺、材料呈现出古今相互交融的艺术效果，很好地演绎出若初园的文化氛围和园林特色。

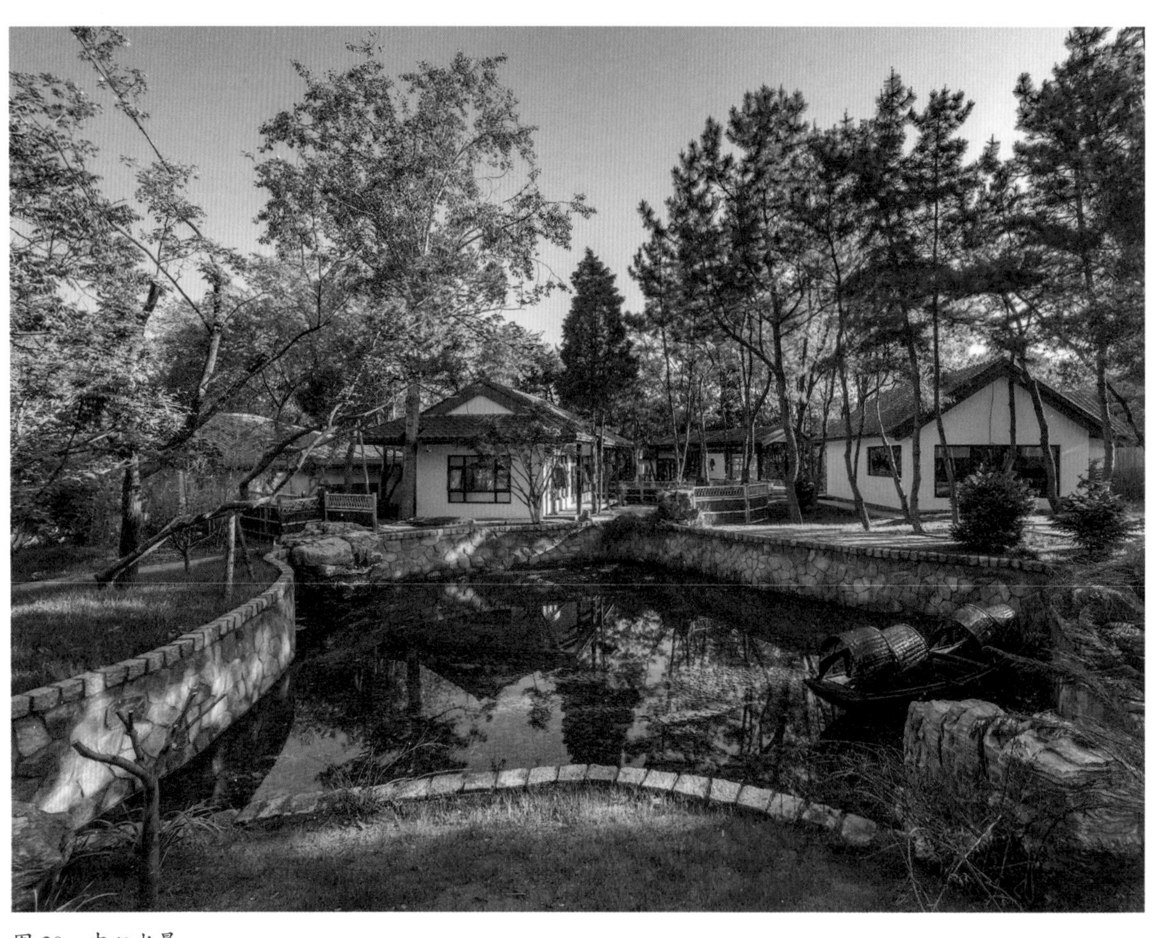

图 20　中心水景

华为松山湖团泊洼 7 号地块工业项目景观绿化分包工程

——朗迪景观建造（深圳）有限公司

设计单位：岭南设计集团有限公司

施工单位：朗迪景观建造（深圳）有限公司

工程地点：东莞市松山湖

项目工期：2022 年 3 月 8 日—2022 年 11 月 18 日

建设规模：33779 平方米

工程造价：876 万元

本文作者：陈文娜　朗迪景观建造（深圳）有限公司　技术负责人

莫文善　朗迪景观建造（深圳）有限公司　绿化施工负责人

黄维新　朗迪景观建造（深圳）有限公司　园建负责人

审　　核：吴　杰　朗迪景观建造（深圳）有限公司　项目经理

图 1　7 号地块总平面效果图

图 2　园区入口植物高低错落层次分明

图 3　智能微灌

一、工程概况

华为松山湖团泊洼 7 号地块工业项目位于广东省东莞市松山湖，景观面积 33779 平方米。工程主要内容为：（1）硬质景观，面积约 7500 平方米，包括建筑出入口的台阶、花池、休闲座凳、园区道路铺装、休闲广场铺装等；（2）软质绿化，面积约 26000 平方米，包括园区内外地形塑造、土壤改良、乔木、灌木、花卉、地被的选苗、运输、移植、支架保护、养护等；（3）水电工程包括自动智能灌溉系统，以及园路灯光照明系统（含给排水管道敷设、电力线管敷设、园林灯具、高杆路灯、配电箱、自动化控制系统等安装及维护）。

二、工程理念

项目始终坚持“科学技术是第一生产力”，

图 4　植物搭配

坚持使用新技术、新工艺、新材料，让绿色环保理念贯穿全园。设计遵循“以自然为本”的理念，体现人与自然和谐相处的意蕴。

三、工程建设特色

（1）推进海绵城市概念。在园区道路建设中，项目组摒弃传统水泥砖，采用了透水混凝土，模拟土壤的空隙结构，从而达到渗水净水功能，实现倡导节能的建设方针。

（2）公司将园林智能灌溉及电力自动化控制系统应用到此项目，提高了劳动效率，降低了能耗及减少了水资源浪费，做到节能降耗的效果，同时减少了人力养护产生的对园区作业之影响，提升了整体美化效果。

（3）园区内种植植物50余种，品种多样，但多而有序，繁而不杂，突破了过多引用外地观赏性植物的程式化绿化格局，以木棉、凤凰木、荔枝树等本地树种唱响绿色主旋律，以勒杜鹃、水蒲桃等植物点缀和声，以鸡蛋花、南洋楹、冬青树等树种调节情调，漫步其中，既欣赏了“阳春白雪”，又品味了“下里巴人”，质朴中呈现大气，突出了本地特色。

（4）在园路两侧设置卵石排水沟，既增强了排水性，能进行雨水净化，有效降低雨水污染，又使得园路更具活泼性。相比传统排水沟，其更加坚硬、抗腐蚀、耐高温，不仅使用寿命长、维护成本低，而且美观自然。

四、工程重点及难点

本项目作为华为团泊洼重点工程，不仅要求在短时间内完成施工任务，而且要求一旦完成就要展现出景观绿化效果，因此对施工技术要求很高。

为保证工期按时完成，在抓好质量安全的

图5　矮篱

图7　墙根植被

图6　造型篱笆

图8　植物屏障

图 9　月牙形花坛及弧形休闲座凳

同时兼顾施工进度。对此我们预先进行规划，将施工阶段、施工项目分解为不同的进度控制节点，形成一个多层的结构网络，逐层控制，保证施工目标顺利完成。

（1）施工场地面积大，工程量大，包括地基处理、园路广场铺装、给排水管道、电气照明、绿化等，涵盖给水、排水、电气、绿化等专业，施工管理难。对此我们组织了具有丰富经验和专业技术水平的施工队伍，提前编制了详细的施工组织方案，采取有效管理措施和技术措施，以保证工程质量和工期。

（2）本项目交叉作业无处不在，需各专业

图 10　三角梅障景布置

图 11　园区草坪

图 12　人造土丘

相互配合，合理安排机具机械进场施工，对于成品的保护是难点。我们对场地移交及利用，吊装范围、可能的施工障碍等一系列问题均提前做了相关预案，预先规划了大型设备的施工路线，并对提前完工的部分及时设置警戒线及围挡。

（3）本项目含362棵甲供荔枝树移植，由于工期紧，如何保证移植后的成活率是难点。为此我们优化调整施工场地的移交时间节点，与总承包单位协调提前移交荔枝树移植相关区域，提前进行了荔枝树的移植；种植前用颗粒状塘泥、泥炭土等对土壤进行改良，种植完成后用我们公司新型专利技术“一种树木移植固定架”进行防护支撑，并埋设透水管，安排专人养护。

五、新技术、新材料、新工艺的应用

一些旧的施工方法已无法满足工程需要，只有通过新技术、新工艺、新材料的推广应用和创新，才能优质高效地完成任务并有效地降低工程造价、加快工程进度、保证工程质量，完全实现设计风格和绿化景观的观赏功能。公司始终遵循“科技是第一生产力”的原则，针对本工程的特点，广泛应用科技成果，充分发挥科技在施工生产中的先导和保障作用。

1. 信息化施工管理技术

（1）采用 Oracle Primavera P6 软件进行项目管理，提高经营管理与决策水平。

（2）利用 GPS RTK 卫星定位放线，减少各专业交叉施工的影响，解决了通视问题，提高了效率。

2. 施工工艺技术

（1）混凝土真空吸水技术。道路是园林景观体系中的重要组成部分，在整体路面施工时，采用混凝土真空吸水技术。这种技术优势

图 13　园区道路

图 14　卵石排水沟

图 15　园路

图 17　弯曲园路

在于真空负压的压力作用和脱水作用，使混凝土的密度不断提升，水灰比降低，从而提高混凝土基层强度和使用寿命，保证了工程质量。

（2）全冠移植技术。在施工过程中，广泛应用新的植保手段，提高大树全冠移植成活率，包括移植时提前标记树木方向，修剪疏枝技术、移植土球起挖技术、树根防腐保水促生技术、运输保湿技术、土壤改良技术及移植后养护技术。施工人员严格执行验收流程，确保苗木移植后不仅成活且长势良好，保证绿化效

图 16　卫生处理站

图 18　园路铺装

图 19　植被整齐有序

果，景观工程苗木成活率达到 95% 以上。

（3）智能化微灌系统解决方案。为了使园林中的树木、花草更好地生长，本工程采用全自动微灌技术，利用温湿度传感器，实现精准化浇灌，有效且均匀地为园区各种植物提供水分。微灌不仅能够有效提高水资源利用率，同时能够避免养料流失。自动化微灌系统改变了原有的人工管养模式，减少园林劳动力，并且较好地满足植物生长需求，促进植物蓬勃生长。

（4）反季节种植苗木技术。主要针对夏季大树移植技术，从选苗、运输、移植到管养，采用科学技术管控，种植前对土壤进行改良，采用颗粒状塘泥、泥炭土等按一定比例进行改良。为进一步提高树木成活率，创新采用地下滴水技术，加大加深树穴，埋设透水管，防止高温损伤根系影响成活，树冠设置微喷设备，保障树木的水分供给，同时，配备专人检查发芽及树穴积水情况。

（5）乔木支撑。采用公司专利技术（专利号：ZL201621282755.6），传统固定架固定形式占用空间大且容易对树木造成伤害，经过改良后利用若干个固定支架单元对树木进行包围式固定，减少对树木的伤害；采用 2 个可变径

图 20　花池的设计点缀

钢套实现对树木的两点固定，能更好地配合树木的正常成长和起到定位作用，提高成活率。

（6）雨水资源利用。园区硬质铺装采用透水性石材和混凝土，使雨水能够更多地渗入地下补充地下水。同时，在施工过程中将雨水收集存蓄，用于现场部分绿化苗木灌溉。

（7）新型路面排水结构的应用。采用公司专利（专利号：ZL201621282835.1），通过扩大排水口的整体面积，保证排水效率，同时增设挡污板加强挡污功能。

（8）新材料的应用。新型保水剂，增绿剂、抗蒸腾防护剂等的应用，有效提高植被移植后的成活率。

华为团泊洼 9 号地块配套仓储项目（二期）园林绿化工程

——朗迪景观建造（深圳）有限公司

设计单位：岭南设计集团有限公司

施工单位：朗迪景观建造（深圳）有限公司

工程地点：深圳市龙岗区坂田街道

项目工期：2022 年 7 月 20 日—2023 年 2 月 1 日

建设规模：9061 平方米

工程造价：430.6 万元

本文作者：张　华　朗迪景观建造（深圳）有限公司　项目经理

黄维新　朗迪景观建造（深圳）有限公司　绿化施工负责人

审　　核：陈冬霞　朗迪景观建造（深圳）有限公司　设计负责人

图 1　停车场

图 2　入口右侧溪流景观

图 3　荷花池

图 4　跌水水景

一、工程概况

华为团泊洼 9 号地块配套仓储项目（二期）园林绿化工程，位于广东省东莞市松山湖台南路。

项目景观面积为 9061 平方米，造价 430 多万元，建设内容涵盖园建、绿化、给排水、电气等，包括机场跑道、主行车道、人行道路、滨水广场、汀步、荷花池、溪流景观、广场铺装等内容。绿化工程面积约 6541 平方米，主要包括园区内外地形塑造，土壤改良，乔灌木、花卉地被的选苗、运输、移植、支架防护和养护等，项目种植乔木 1280 棵，灌木 1352 棵。水电主要解决园区内排水问题，荷花池及溪流水循环系统，基础照明、景观照明及自动化控制系统等。

二、工程理念

本项目在景观、植物配置等方面讲究艺术

图 5　黄花风铃木全冠移植

图 6　建筑物入口

性，景观效果给人以美的感受，根据现场实际景观效果，进行了优化设计，增加了跌水景观，先后多次对景石的叠放进行调整，已达最优景观效果。

项目遵循“以人为本”和低碳理念，强调使用环保材料和节能技术，不断探索新材料、新技术和新方法，力求在可持续性与创新性之间取得平衡。

图 7　阳光草地、配合适量的灌木

三、工程重点及难点

本工程综合性强，规模大，交叉作业量大，质量要求高，施工工期短，而且要求一旦完成就要展现良好的绿化效果，对施工技术要求很高。为保证工期，在抓好质量安全的同时兼顾施工进度，对此我们预先进行了规划，将施工阶段、施工项目分解为不同的进度控制节点，形成一个多层的结构网络，逐层控制保证施工目标顺利完成。

图 8　植物组团

（1）施工场地面积大、工程量大，包括地基处理、园路广场铺装、给排水管道、电气照明、绿化等，涵盖给水、排水、电气、绿化等专业，施工管理难，对此我们组织了具有丰富施工经验和专业技术水平的施工队伍，提前编制了详细的施工组织方案，采取有效管理措施和技术措施，以保证工程质量、工期。

（2）本项目交叉作业无处不在，需各专业相互配合。首先，我们对场地移交及利用，吊装范围、可能的施工障碍等一系列问题均提前做了相关预案，预先规划了大型设备的施工路线；其次，加强现场

图 9　生态汀步

图 10　溪流生态群

图 11　大树移植

图 12　停机坪

协调，在测量放线环节，采用 GPS 卫星定位放线，保证精度，减少交叉施工的影响；最后，对提前完工的部分及时设置了警戒线及围挡。

（3）本项目园区入口和广场采用 200 毫米 ×200 毫米的石材，石材单体面积越小，铺装难度越大，对施工技术人员要求较高，因此安排实操经验丰富的施工人员作业，实现项目铺装放坡合理，勾缝均匀。

（4）存在诸多隐蔽工程，质量控制难度较大。在此施工过程中，采取分区管理，提前勘测、分析制定了相应的施工方案，采用科学的现代化管理模式，在整个施工过程中减少不必要的浪费，降低成本，取得理想的经济效益。

四、新技术、新材料、新工艺的应用

为了提高生产力，降低工程成本，提高工人的操作水平和工程质量，满足绿化工程建成后的使用功能，我们在施工中应用先进的信息科技手段和工艺，大力推广新材料，发挥科技在施工中的先导和保障作用。

1. 工程测量技术

随着 GPS 测量技术的发展，工程测量的作业方法发生了历史性的变革。利用 GPS RTK 卫星定位放线，减少了各专业交叉施工的影响，特别是解决了通视问题，提高了效率，保证了工程质量。园林绿化施工在建设过程的后期，施工过程中的干扰及影响很多，用传统方法测量放线，费力费时，作为测量手段，GPS RTK 有明显优势，值得推广。但需留意复杂环境下的信号影响。

图 13　滨水广场

2. 全冠移植技术

在施工过程中，广泛应用新的植保手段，提高大树全冠移植成活率，包括移植时提前标记树木方向，修剪疏枝技术、移植土球起挖技术、树根防腐保水促生技术、运输保湿技术、土壤改良技术及移植后养护技术。施工人员严格执行验收流程，确保苗木移植后不仅成活且长势良好，保证绿化效果，景观工程苗木成活

图 14　溪流驳岸

率达到 95% 以上。

3. 水资源循环利用技术

项目中的荷花池、跌水溪流经过滤净化可循环使用，提高了水资源的利用率，做到低碳环保。

4. 乔木支撑

该项目建设中，景观大乔木移植后即进行高支撑，确保树木尽快定根、进入恢复生长，胸径抱箍可根据树木生长调节周长，从而更符合树木枝干生长变化。

图 15 水生植物搭配

图 16 溪流

图 17　花坛

图 18　草地

图 19　景石

图 20　荷花池一角

A4-A7 改造项目园林施工工程

——朗迪景观建造（深圳）有限公司

设计单位：广州普邦园林股份有限公司

施工单位：朗迪景观建造（深圳）有限公司

工程地点：广东省深圳市龙岗区华为坂田基地A区

项目工期：2022年11月15日—2023年3月1日

建设规模：5717平方米

工程造价：166万元

本文作者：刘洪奎　朗迪景观建造（深圳）有限公司　项目经理

黄维新　朗迪景观建造（深圳）有限公司　绿化施工负责人

审　　核：陈文娜　朗迪景观建造（深圳）有限公司　技术负责人

图1　平整的草地

一、工程概况

A4-A7 改造项目园林施工工程，位于华为坂田基地 A 区（华为行政中心），主要内容为根据设计图纸及甲方要求对 A 区 4 栋别墅办公楼周边进行绿化改造升级，包括地形处理、垃圾清运、木平台施工、苗木采购种植等。项目建设面积为 5717 平方米，造价 166 万元，虽然工程规模较小，但包含了绿化工程、给排水工程、园建工程、照明工程等，施工工期较短。

项目竣工后，园区工作环境整洁舒适，风景优美，绿植林立、湖水微漾，4 栋别墅周围景观风格各树一帜，既具有良好私密性的景观功能，同时又具有自然野趣、活泼俏皮的绿化效果。

图 2　水景

图 3　植物搭配层次分明

图 4　绿篱营造私密空间

图 5　耐阴花境

图 6　防腐单向栅栏门

图 7　花园入口

图 8　疏林草地 1

图 9　疏林草地 2

二、工程理念

项目充分尊重场地特征，最大限度保留原有乔木，梳理原本密集杂乱的低层植物，种植开阔的草坪，使林下空间敞开，营造清新疏朗、凝练简约的疏林草地式绿地。同时，在建筑物周边配合原有树木整理地形，在保障原有树木生长的情况下增加新的景观效果，根据不同的位置、光照等条件设置风格各异的花境，匠心营造疏密有致、层次错落、开合相间的复合型植物景观，局部搭配精品花卉，打造出 4 种风格不同的景观效果，既注重私密性，又有层次分明、颜色淡雅的英式田园风格。

植物配置是本工程的一大亮点。运用群落组团式、树阵式、规则式的造园手法，以岭南乡土植物为主，选择的苗木品种质感协调，色彩变化丰富，层次分明，形态相映成趣，从而营造出丰富的景观效果。

（a）改造前

（b）改造后

图 10　改造前后对比图 1

（a）改造前

（b）改造后

图 11　改造前后对比图 2

（a）改造前

（b）改造后

图 12　改造前后对比图 3

（a）改造前

（b）改造后

图 13　改造前后对比图 4

图 14　色彩明亮的鲜花

三、工程重点及难点

（1）景观改造对于环境的影响。在进行景观改造的时候，不可避免地会对原有环境造成影响，会对原有植被、生态环境造成破坏，因此在景观改造的同时减少对环境的影响，是本工程是一个重要难点。

（2）本项目改造的 4 栋别墅办公楼室外景观施工要求高，材料和苗木均采用上等材料，对工人的施工技术要求严格，所有环节均要达到精益求精的效果。本工程设计中采用复杂多变的手法，4 栋办公楼的景观各不相同，既要各有独立的风格，整体又保持和谐自然。

四、新技术、新材料、新工艺的应用

公司把现代化的先进工艺、施工方法和技术应用到工程中，不仅保证了工程质量，消除

图 15　透水沥青路

图 16　别墅入口植物组团

图 17　天鹅湖

图 18　跌水水景 1

图 19　跌水水景 2

了工程隐患，提高了施工效率，而且带来了可观的经济效益。

（1）防腐木材施工工艺的应用。项目木制平台采用进口菠萝格制作而成，具有天然防腐功能，施工前对木材进行 2 遍的清漆处理，有效隔离物体与外界环境，防止氧化腐蚀，增强耐磨性和抗紫外线能力，延长使用寿命。

（2）草坪增绿剂的应用。草坪增绿剂主要用于冬季草坪养护，增强青草的光合作用，促进植物生长，提高草坪的观赏效果。

（3）透水沥青路面。基层采用透水结构，雨水可通过路面结构层渗透到路基，避免雨水对路基稳定性造成影响，园路使用沥青，不仅比透水砖铺筑牢固，还增加了道路艺术效果。

（4）本项目为景观改造工程，在施工过程中采取了多种措施对原有树木进行保护，并通过减法法则的运用，对原有景观进行疏剪及合理改造，使景观效果更加自然大气。对于阴湿的林下环境，采用多种耐阴地被植物，丰富了植物群落结构和观赏性。

（5）在办公楼周边综合运用植物组团风格和花境手法，在花境的构建上形成了耐阴草本花境、季相分明的观赏花境、淡雅的英式田园花境等多种形式，与天鹅湖的景观交相辉映。

图 20　春意盎然的小院

华为A3-A7精装修改造项目之A1新增小溪工程

——朗迪景观建造（深圳）有限公司

设计单位：朗迪景观建造（深圳）有限公司

施工单位：朗迪景观建造（深圳）有限公司

工程地点：深圳市龙岗区坂田街道

项目工期：2022年7月1日—2023年3月1日

建设规模：1540平方米

工程造价：123万元

本文作者：黄维新　朗迪景观建造（深圳）有限公司　绿化施工负责人

审　　核：刘洪奎　朗迪景观建造（深圳）有限公司　项目经理

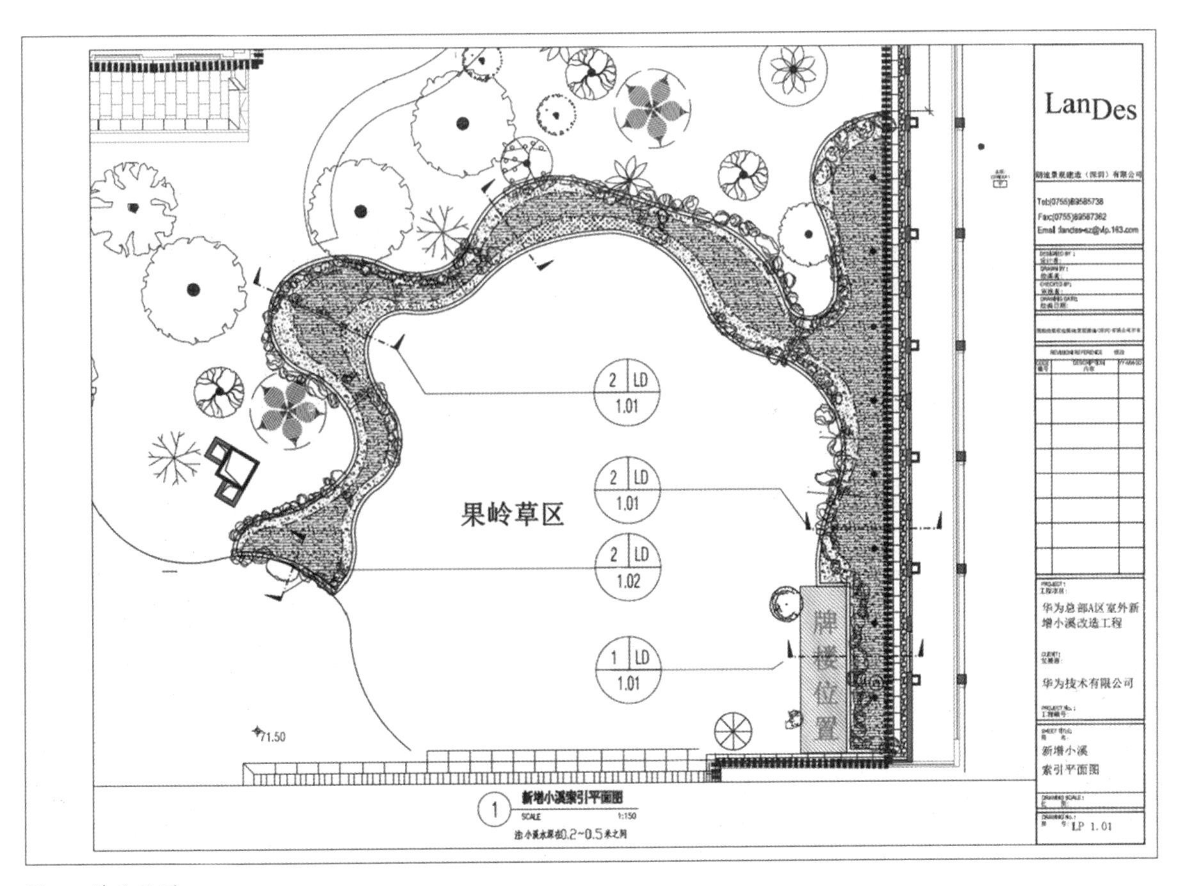

图1　总平面图

一、工程概况

华为 A3-A7 精装修改造项目之 A1 新增小溪工程，位于广东省深圳市龙岗区华为坂田基地 A 区。项目面积为 1500 多平方米，造价 123 万，主要内容包括溪流土方开挖、平整、地形处理、软质绿化工程、原有景观苗木的移植和清除等。

本项目工程规模虽小，但包含了园建工程、水电工程、绿化工程等。小溪围绕花草树木蜿蜒流淌，溪流水岸采用散石和多种水生植物搭配，减少人工造景的痕迹，表现出丰富的色彩空间，溪流增添了园林景观的动态美，使得整体景观更加贴近自然，丰富了生态环境。项目完工后所有植物生长状态良好，成活率达到 100%。

二、工程理念

本项目遵循“以人为本，回归自然”的设计理念，在保持原有绿化的基础上，新增小溪重构造景，运用植物配置等手段进行空间转换。以亲水驳岸为牵引，配植色相丰富的植物，将整个 A1 区域打造成一个线条流畅、空间分布错落有致的空间作品，在工作闲暇之余给人以愉悦的视觉效果。

三、工程重点及难点

（1）水景效果是本工程的重点。小溪的结构、景石的摆设和水生植物的搭配是水景的关键，项目组严格按照业主的意图进行深化设计，施工过程中密切与业主沟通交流。

图 2　静水水景

图 3　溪流一角

（a）改造前　　（b）改造后

图 4　改造前后对比图 1

（a）改造前　　（b）改造后

图 5　改造前后对比图 2

（a）改造前

（b）改造后

图 6　改造前后对比图 3

（2）绿化效果的控制也很重要，项目需保留原有大树，所以绿化施工需要进行严密的组织，充分考虑与原有乔木的搭配种植，否则影响整体绿化效果，溪流驳岸植物的选取也充分考虑到适用性和效果性。

（3）通过制订科学的施工计划和切实可行的工期保证措施，合理划分施工区域、配置各工种，确保按期完成施工任务。

（4）园路施工精益求精。从路基施工、模板安装与拆除、混凝土浇筑到面层施工、成品

图 7　植物层次分明 1

图 8　植物层次分明 2

图 9　植物搭配 1

图 10　植物搭配 2

保护，无论是材料的选用，还是施工工艺的把控，都做到精益求精，追求品质。铺装表面平齐美观，同时有适当坡度面向雨水口，以确保下水通畅。

四、新技术、新材料、新工艺的应用

公司始终遵循“科学技术是第一生产力”的原则，广泛应用新技术、新材料。

图 11　亲水驳岸植物 1

图 12　亲水驳岸植物 2

图 13　小溪景观 1

图 14　小溪景观 2

图 15　小溪景观 3

图 16　小溪景观 4

图 17　潺潺流水

图 18　小溪蜿蜒

（1）采用新型钠基膨润土防水毯，既具有土工材料的全部特征，又具有优异的防水性能。该防水毯绿色环保，不易老化或腐蚀，且具有自愈性，施工简便，有利于缩短工期、降低造价。

（2）溪流使用防渗膜防渗，这种膜使用寿命长，抗植物根系，成本低、效益高，环保无毒。

（3）采用新技术、新材料提高苗木成活率，如生根粉、保水剂、抗蒸腾剂等。

项目部的高度负责和新技术新材料的应用，使得本工程取得了非常好的效果：地面铺装平整，嵌缝密实，表面光滑顺直，做工精细；景石美观，溪水叮咚，与周边景色交相辉映。

图 19　亲水植物

图 20　草地平整

余姚市府前路北侧地块改造（一期）工程设计施工一体化

——常熟古建园林股份有限公司

设计单位：常熟古建园林股份有限公司

施工单位：常熟古建园林股份有限公司

工程地点：浙江省余姚市

项目工期：2020 年 1 月 5 日—2021 年 4 月 30 日

建设规模：108200 平方米

工程造价：14720 万元

本文作者：卜瑜宏　常熟古建园林股份有限公司　副总经理

钟　铁　常熟古建园林股份有限公司　古建事业部项目经理

袁　逸　常熟古建园林股份有限公司　研发部副经理

图 1　地面铺装

图 2　后花园

图 3　景观绿化

一、工程概况

阳明古镇（府前路历史文化街区）位于浙江省余姚市，建设范围东起三官堂路、南至南滨江路、西至新建路、北至阳明东路，总面积16.15 公顷，其中历史文化街区核心保护范围面积为5.33 公顷，建设控制地带面积为10.82 公顷。街区内现存有叶氏宜春堂、叶氏举人房、周家墙门、李氏民居、史家大厅民居等代表余姚地方建筑特色的合院民居。

本工程为历史文化街区改造修缮项目，现状建筑密集，无法展开施工，拆除部分违章建筑及施工通

图 4　李氏民居

图 5　木结构

道后，保留修缮 4 栋文保建筑，新建、修缮及落架大修 47 栋建筑，修缮和施工原则按“拆旧如旧”进行。建设方选择了保护与开发一体的方针，注重物质与精神的融汇，重视传统与时尚的诠释。通过改造古镇，以点带面，对周边道路、绿化、广场、商铺、办公楼、老小区及各个公共配套设施进行了统一而全面的景观提升与立面改造，进一步提升城市景观，实现城市有机更新，从而实现古镇空间历史价值、情感价值与使用价值的共同提升。

二、工程理念

项目内的保留建筑星罗棋布，这得益于复合的拆改更新策略。在建设过程中因涉及多处文物建筑和古树名木，保护性施工技术复杂，为保障历史文脉的传承，尽最大可能保护文物建筑和环境，多次调整施工方案，对不同等级建筑实施“保护修缮、保留修复、更新改造、优化复建”等策略，提取需要保留的片区板块。

三、工程建设特色

街区对于原有自由生长而得的复杂肌理，通过类型学研究提取 L 形与 U 形院落、多进院落、东西与南北向单体及临水街屋等不同肌理图底，并针灸式地织补拆改更新片区，无不体现江南“香山帮”的技艺精巧和特色。

府前路北侧原为一座座独立的清代合院民居，粉墙黛瓦，高低错落，这些建筑拥有观音兜和马头墙等不同形式的山墙，是余姚传统建筑保存较为完整的区

图 6　弄堂

图7　墙门修缮

图8　山墙1

图9　山墙2

域之一。建筑的南立面投影于府前路间，呈现凹凸有致的带状曲线。走到幽静的弄堂深处，遇见一座座深宅大院，顿时有了“旧时王谢堂前燕”的浮想。

四、工程重点及难点

1. 屋面工程

首先根据修缮设计图纸确定瓦件拆除范围，瓦件拆除的部位及范围经负责部门确定后方可施工，施工时应参考古建筑施工技术规范。

在拆除之前搭设外保护棚，防止大木构件等因天气影响受损，对部分已歪闪的大木构架，设迎门戗和罗门戗加以支顶保护。拆揭瓦件时，先拆揭勾滴，仔细揭瓦，减少损坏，拆下后运到指定地点妥善保

图10　石作

图 11　外墙

图 12　围廊

图 13　屋面工程

存，瓦件拆下后，将原苫背层全部铲除干净，随后进行飞椽、檩等木结构的检查整修、补换等工作。

2. 梁架工程

大木结构在整修加固前要对现状进行认真仔细的检查、测量，分部位、分构件地针对损坏情况与设计部门共同制定整修、加固措施。

图 14　小走廊

对于轻微的糟朽、内部尚完好不影响受力的构件，采取挖补和包镶两种方法处理。糟朽部分剔成容易嵌补的几何形状，剔挖的面积以最大限度地保留未糟朽部分为宜。洞口里大外小，洞壁铲直，洞底平实，洞里清理干净。用干燥木材胶结，补严补实，胶干后随木构件外形加工好。补块较大时，可用钉钉牢，钉帽打入构件内，补块可分段制作，补块较长，必要时加铁箍。

3. 墙体工程

对于需要重点修缮的建筑，砌筑时砖下面必须铺灰，砖缝不超过 5 毫米。用土坯和碎砖进行背里砌筑，高度与面砖一致。墙体砌筑完后，对墙面进行清理，并检查其平整度是否在施工要求的范围之内，如有不妥，及时处理。墙体砌筑时，在木柱柱根下墙体外侧留方形通气洞。

针对出现局部裂缝和基础下沉等险情，同时简单加固又不能彻底排除隐患的墙体，施工时应尽量保证原砖的完整性，砌筑时尽量使用原有构件。整体整修时，当全部墙体砌筑、补

图 15　徐氏洋楼

图 16　叶家台门

图 17　院墙

图 18　叶家外过道

图 19　长廊

图 20　周家墙门

砌完毕后，对整个墙体进行检查，统一勾缝，统一做旧处理。

五、新技术、新材料、新工艺的应用

1. 檩条及木柱的固定结构

在木结构施工过程中，按照公司实用新型专利“一种仿古建筑的檩条及木柱的固定结构”（专利号：ZL201520718672.6），在檩条和木柱一侧设置一个基座，檩条和基座通过螺丝连接，木柱上方设置有截面为半圆形的放置槽。此方法既简化了檩条及木柱的固定结构，又保证了檩条和木柱的牢固程度，加强了整体稳定性。

2. 历史街区修缮工程用施工装置

在施工过程中，按照公司实用新型专利“一种历史街区修缮工程用施工装置”（专利号：ZL202121158221.3），通过在现有装置的载物板下端增加了连接件和操作杆，使工作人员不需要爬上外架，即可组装载物板，使组装装置更加方便快捷。再通过连接件和操作杆将载物板取下，在取下载物板时就更加安全，操作杆可在连接件的下端进行旋转，在拆卸下载物板后，使载物板整体占用空间不再增加。

3. 节能保温门窗使用

在传统木门窗上安装中空隔热玻璃，门窗缝隙内外侧安贴保温隔音皮条，以达到节能保温的效果。从而克服传统木结构门窗节能保温方面的缺陷，不仅外观上符合传统门窗形制，而且在性能上优于传统门窗，完全满足门窗的“四性”要求。

金滩新区水系综合治理（一期）工程
——湴塘村南溪江综合整治工程

——金庐生态建设有限公司

设计单位：华汇工程设计集团股份有限公司

施工单位：金庐生态建设有限公司

工程地点：江西省吉水县黄桥镇

项目工期：2021 年 10 月 22 日—2022 年 5 月 20 日

建设规模：109335 平方米

工程造价：3598 万元

本文作者：袁　强　金庐生态建设有限公司　副总经理、高级工程师

刘留香　金庐生态建设有限公司　工程师

图 1　南溪园生态之境鸟瞰图

一、项目建设思路及主要内容

金滩新区水系综合治理（一期）工程——湴塘村南溪江综合整治工程位于江西省吉水县黄桥镇湴塘村。湴塘村是南宋著名诗人杨万里的故乡，项目建设依托庐陵文化特色的古建筑、杨万里诗词，通过对杨万里诗词中的场景再现与现代科技 VR 场景置换，原真的田园风光等重视杨万里生命历程，感受传承古今的爱国情怀，打造了集村庄发展、产业提升、文化传承于一体，具有典型示范意义，有温度、有高度、有深度的村落景区。同时，深厚的文化底蕴将清新、秀美、自然的绿色生态乡村风貌与农耕文化特色巧妙结合，是具有江南传统特色的美丽乡村建设的缩影。

项目建设分为四大区块，分别为村口沿线区块、南溪园区块、南溪江区块、杨万里陵园景观提升区块。施工总面积 109355 平方米，其中园林景观面积 72869 平方米。主要建设内容有：园路、景墙、广场、园林小品、景石、绿化种植等园林景观工程；新建仿古游客中心，御书楼、笔峰阁、南溪桥等古建筑修缮提升；南溪江清淤、河道整治、生态修复；雨污排水、水电、智能化等市政配套工程等。整个项目建设重点是南溪园区块和南溪江区块。

二、项目难点、创新点及特色

（1）以人为本施工理念解决与现场环境矛盾。项目位于历史古村落，施工对村民及原有

图 2　村口牌坊景观

图 3　南溪园入口

图 4　网红玻璃餐厅门前特色造型

图 5　南溪桥文化景墙

图 6　乔木、灌木搭配种植区域

图 7　蹄印溢塘

图 8　休息廊亭周边环境

生态环境有一定影响、材料运输难度大等都是此次项目重点考虑的问题。在施工之初施工、设计单位与乡政府、村委会等多方面协调，调整施工方案，听取百姓意见，减少施工对居民的影响。

（2）南溪园是整个项目建设核心，也是项目建设成败的关键。在建设过程中，我们充分尊重原有历史遗存，合理布局，根据景区配套需求新建庐陵风格的仿古游客中心，游客中心简洁、精细、大气。我们把传统修复技艺与现代科技手段相结合，对园区原有御书楼、笔峰阁、南溪桥等进行修缮和提升，让这些古建筑焕发新的生命力。整个园区的景观节点巧妙运用杨万里诗词进行串联，以诗为题、以诗衬景、以景衬情，借助植物组合、景观小品、山石、步道等打造黄蝶飞花、一萤松火、茂林修竹、紫薇花斜、淡晴花影、小荷尖尖、高柳垂绿、沧浪白云、蹄定溢塘等景点，营造出一步

图 9　艺术雕塑空间景观配置

一诗一景的沉浸式“万里诗词园”。

图 10　小径道路植物景观搭配

三、新技术、新材料、新工艺的应用

（1）因工地面积大又邻近居民区，同时具有大范围绿化养护需求，每天最少两次降尘和洒水作业。为了有效解决现技术中水的喷洒范围小、喷洒效果差、作业不方便，现有的敞口作业装置不能变换结构，使用起来不方便的问题，公司应用了相关专利：“一种新型环保市政道路洒水作业设备”（专利号：2018101181746）。机架上设有敞口作业装置，利用滑口使作业更方便。

（2）本工程点多、线长、面广，施工难度大。为了解决现有技术的卷线装置结构笨重，且不方便手动操作的问题，

图 11　生态与自然紧密结合

公司应用了相关专利：“一种市政施工用手持排线式卷线装置的排线方法”（专利号：2018100805456）。这一方法解决了因场地面积大、排线不规则，造成的卷线、折线等情况，同时改变了多人同时作业，费劳力的情况。

（3）对建筑物的外立面绿化环境，起到改善、提高美观度和节约能耗的效果。公司应用了相关专利：“一种园林用循环种植墙”。我们在调节种植框的数量时，可直接调节种植墙的绿化面积，围绕种植框，围边的形状与若干个种植框组合的外轮廓对应，可对种植框起辅助固定作用。围边在种植框的数量改变时，可对应地调节形状，从而适应各种面积的墙面，使种植墙可多次利用，节约资源。

（4）为了能将严格把控质量贯穿整个项目建设全过程，公司质量控制小组进驻项目部重点研究了提高复合

图 12　御书楼西入口月洞门，取懋学之名

图 13　御书楼小广场，取名为万里诗词园

图 14　桥楼窗花

柔性阻隔墙自凝灰浆流变质量合格率，提高仿花岗岩块料路缘石施工质量一次验收合格率，降低智能建筑工程系统联调时网络异常次数，提高水泥稳定碎石基层施工合格率，提高园林植物中原生植物一次性成活率等，大大提升工程质量。这些研究成果在2023年江西省工程建设质量管理小组竞赛均获奖。

我们坚持传统文化传承与传统技艺运用，重视科创技术及企业自有专利技术在项目中的运用。这些专利成果在项目运用中取得了很好的生态和经济效益。

项目荣誉：

本项目获2022年度江西省园林绿化工程金奖。

图15 小荷尖尖，正是杨万里著名的诗篇《小池》

图16 园区栈桥景观

图17 夕阳下的南溪桥显得格外壮观

图 18　灯光下的苍浪白云

图 19　一萤松火

图 20　南溪桥入口与周边景观组合

固安县柳泉镇北房上村景观提升工程

——北京爱地园林景观设计有限公司

设计单位：北京爱地园林景观设计有限公司

施工单位：北京西山欣荣建筑工程有限责任公司

河北浩久园林绿化工程有限公司

霸州市华鑫建筑工程有限公司

河北林翔公路工程有限公司

工程地点：河北省廊坊市固安县柳泉镇

项目工期：2019年10月28日—2020年1月2日

建设规模：18万平方米

工程造价：3243.87万元

本文作者：黄艳丽　北京爱地园林景观设计有限公司

李超柳　北京爱地园林景观设计有限公司

图1　村口标识

一、工程概况

本项目结合村街实际，进行村容村貌改造，包括道路重修铺装工程，墙体立面修缮、粉刷，厂房立面改造工程，村庄标识、广场、绿化、门楼、公共厕所、村非遗馆设计修建工程，强弱电入地改造工程等。

图 2　村口景墙

二、工程理念

1. 设计原则与策略

（1）风貌协调统一。我们将村庄中的景观节点、交通动线、两侧的建筑立面综合考虑，系统梳理，协同打造。

（2）地域特色突出。我们提取传统民居材料、元素，用现代化设计手法演绎，融入地域文化，保留乡土自然的野性，凸显田园乡村的特色。

图 3　柳编主题雕塑

（3）人居环境优美。我们打造了整洁干净、色调统一的路面，统一的村庄标识，三季有花、四季有景的绿化环境。

（4）因地制宜。我们采用当地材料与施工工艺，进行标准化设计，低投入、可复制、可操作。

2. 设计愿景

概念主题：柳暗花明，乡野桃源。

整洁的街道，绘有社会主义核心价值观的文化墙，特色的景观灯，统一的标识，打造宜居的现代村庄。花

图 4　村民文化广场

图 5　人民舞台 1

图 6　人民舞台 2

木做篱，灰瓦青砖，村边槐柳，野花成溪，还原自然的乡野风貌，营造游客心中的世外桃源。

3. 文化演绎

（1）柳泉镇的名称来源于明代此地柳树郁郁成荫，故取名柳泉店。

（2）固安县素有“柳编之乡”的美誉。设计师提取柳编肌理，应用于建筑立面、墙体装饰，将柳编小品作为街角广场的点景雕塑，同时深挖柳编文化，形成产业联动，带动乡村旅游发展。如开发柳编文创产品、开展柳编体验等活动。

（3）《固安县柳泉镇总体规划（2018—2035 年）》产业布局规划中提出要建设苗圃花卉种植基地。

（4）固安县被誉为“中国花木之乡”。村街、民居门口和围墙处栽植月季、蔷薇等开花植物，以乡野花溪形成特色村落景观。

三、工程重点及难点

美丽乡村建设是我国乡村振兴战略的重要组成部分，旨在通过综合整治乡村环境、改善乡村基础设施、发展乡村产业、保护乡村文化等方式，实现乡村的全面振兴。在美丽乡村建设的过程中，我们发现一些重点和难点问题，分析如下。

1. 规划引领

重点：规划是美丽乡村建设的前提和基础，需要制定科学、合理、可行的规划方案，明确建设目标、任务和措施，确保建设的方向正确、路径清晰。

难点：如何根据北房上村的自然条件、资源禀赋、历史文化等因素，制定符合实际、切实可行的规划方案，同时平衡好生态保护与经济发展的关系，是规划引领中的难点。

设计师深度挖掘了柳泉镇的柳编文化，将此特色融入北房上村的建设中，并规划了非遗小院和特色民宿。

2. 建设与规划同步

重点：在美丽乡村建设过程中，需要确保建设活动与规划方案一致，按照规划方案的要求有序推进建设。

图7　街道1

图8　街道2

图9　街道3

图 10　村街小品

图 11　浮雕墙 1

图 12　浮雕墙 2

难点：如何在建设过程中及时调整建设方案，确保建设与规划的同步性，同时解决建设过程中出现的各种问题和矛盾，是建设与规划同步中的难点。

民居立面改造是本工程的重点之一，涉及各家各户的院墙、院门、建筑山墙等。现状墙体情况较为复杂和琐碎，各家院墙高度不一，院门样式各异，墙体结构做法和外饰面均不同，有些墙体破损严重，等等。设计最终效果要求街巷风格统一、院墙高度一致，因此我们需根据不同的状况分别出具详细的施工做法。

图 13　民宿入口 1

3. 工程管理规范

重点：工程管理是美丽乡村建设的重要环节，我们需要制定科学、规范的工程管理制度，确保建设活动的顺利进行。

难点：如何建立健全工程管理制度，加强对工程质量和进度的监督管理，确保建设活动符合规范、安全、高效的要求，是工程管理规范中的难点。

图 14　民宿入口 2

4. 后期管护到位

重点：美丽乡村建设完成后，需要加强后期管护工作，确保乡村环境的持续改善和美丽乡村成果的长期保持。

难点：如何建立健全后期管护机制，明确管护责任和措施，加强对乡村环境、基础设施、公共服务等方面的管理和维护，是后期管护的难点。

5. 特色产业发掘

重点：发掘和培育特色产业是美丽乡村建设的重要途径，可以带动乡村经济发展和农民增收。

难点：如何根据北房上村的实际情况和市场需求，发掘和培育具有地方特色的产业，同时加强产业链条的延伸和整合，提高产业附加值和市场竞争力，是特色产业发掘中的难点。

6. 文化传承加强

重点：乡村文化是美丽乡村建设的重要组成部分，我们需要加强乡村文化的传承和弘扬。

难点：如何挖掘和保护乡村文化遗产，传

图 15 民宿庭院

图 16 村非遗馆入口

图 17 公共卫生间

图 18 田园风格餐厅——乡食

承乡村文化精髓，同时推动乡村文化的创新和发展，打造具有地方特色的乡村文化品牌，是文化传承中的难点。

四、新技术、新材料、新工艺的应用

1. 基础资料格式创新

我们不仅提供了 CAD 现状平面测绘图，同时提供了可测量的三维模型，方便设计师随时查阅。

2. 智能回收站

本工程设置了一处智能回收站，通过自助交投、自动称重的方式，实时给予居民相应积分或环保金，鼓励居民进行垃圾分类投放。智能回收站实现了无人化自助服务，避免了与居民作息时间的冲突，随时随地、灵活自由地进行垃圾投放。我们通过监控装置实时监控垃圾投递现场，有效识别垃圾分类的准确率，引导居民实现正确分类方式，提高管理效率。智能回收站的推广和应用，不仅有效改变了居民的垃圾投放习惯，向无人化、自助化发展，同时也改善了居民的文明行为，有利于地球环境的保护。

3. 新型照明材料

本工程所有照明灯具均采用 LED 新型照明材料，发光二极管（LED）具有节能环保、寿命长等优点，在园林工程中使用 LED 照明材料，可以降低能耗、减少光污染，提高园林工程的视觉效果和舒适度。

4. 立体绿化技术

立体绿化技术是一种在建筑物、构筑物等立体空间进行绿化的方法。本工程采用墙面绿化的形式，局部种植攀援月季、金银花等藤本植物，达到增加绿量、缓解热岛效应并提升村街景观形象的目的。

项目荣誉：

2021 年 10 月，河北省爱卫会命名北房上村为 2020 年度河北省卫生村。

2021 年 6 月，北房上村被评选为第二批河北省乡村旅游重点村。

2019 年 12 月，北房上村入选第一批国家森林乡村名单。

图 19　文化示范基地——乡创

图 20　村口田园风光

2022 年度古里镇“千村美居”工程设计采购施工（EPC）总承包项目

——常熟古建园林股份有限公司

设计单位：常熟古建园林股份有限公司

施工单位：常熟古建园林股份有限公司

工程地点：江苏省常熟市古里镇

项目工期：2022 年 4 月 20 日—2022 年 7 月 19 日

建设规模：320000 平方米

工程造价：6709.96 万元

本文作者：吴俊芳　常熟古建园林股份有限公司　项目经理

蒋学华　常熟古建园林股份有限公司　项目技术负责人

朱　英　常熟古建园林股份有限公司　项目施工员

杨　新　常熟古建园林股份有限公司　项目施工员

图 1　村标识牌与各村历史文化相结合，展示美丽乡村新名片

图 2　村标突出村庄地理位置，加强文化底蕴风土人情宣传

一、工程概况

2022 年度古里镇“千村美居”工程设计采购施工（EPC）总承包项目主要是整个村庄的人居环境提升，包括房前屋后、周边空地、树林、沟渠的清理，公共厕所的改造升级等。涉及农户 1521 户，9 个村、31 个自然村落作为项目点位。本项目主要通过环境综合整治和局部改造，开展“拆归收”工作，实施道路修复及改建、砌筑砖篱、驳岸修复建设，增设停车位、路灯、绿化等，切实改善了农村人居环境和生态环境，提高了农村居民生活质量。由我们公司承建的千村美居工程经多种创新技术的应用和精心施工下，村庄整体创建质量显著提高，乡土元素、传统元素等亮点挖掘能力得到较大提升，市级验收得分屡创新高。

二、工程理念

1. 尊重现状，合理规划

在现有基础上进行改造提升，合理规划道路、布局公共服务设施及基础设施，避免大拆

图 3　村庄闲置空间让村民在劳作中充分享受田园生活

图 4　新建共享菜园，体验乡村收获乐趣，感受农耕文化

图 5　增加党建宣传标语及“党建引领”标识，完善基础设施

大建、破坏村庄原有肌理和生态环境。

2. 以人为本，尊重民意

在村庄产业导入或村庄环境治理方面，均应考虑村民的发展意愿，在规划方案中，积极反馈村民的意见，致力于村民致富和生活品质的提升。

3. 体现差异，突出特色

在项目的定位、产业的发展、环境的营造上与周边社区差异化发展，充分利用其区位优势、生态条件、地形地貌，结合环境整治、景观营造来强化自身特色。

4. 有序渐进，操作可行

按照整治项目的急需性、投入效益、资金预算来区分重点整治项目和整治时序，分期实施，有序推进的同时确保方案的可实施性，保证项目的顺利进行。

三、工程重点及难点

1. 针对现状如何将千村美居工程做好的问题

由于本工程对资质要求不高，加上点位繁多、地理位置复杂、业主及监理人员不足、工程管理又较为宽松，导致对中标施工和设计的工作复核不严，从而致使整体或局部的工序质量较差，影响了工程的功能和效果质量，给工程带来了不利的影响。如村民的投诉，工期的延迟，造价增加等，这些质量问题还会导致工程验收不合格或存在各项隐患，因此我方相当重视。根据 EPC 工程项目的特点，设计、施工方深入到现场一线，充分调查现场的民生和实际情况，做到使各方满意，施工质量、景观效果明显提升，最终村庄整体创建质量有显著提高，乡土元素、传统元素等亮点挖掘能力有所提升，突出村庄的人文特色。

图 6　增加特色党建长廊、议事园等场地，丰富精神文化生活

图 7　提升村内道路质量，为百姓出行创造安全畅通的交通环境

图 8　村级游园将绿化美化作为农村人居环境整治的突破口

图9　沿岸搭建的护岸和种植的绿化大大提升了居民亲水体验

图10　景点特色与各村（社区）历史典故、文化底蕴相结合

图11　通过河道疏浚、驳岸建设，水环境得到明显改善

图12　改造提升结合村级农业特点，突出农业文化

2. 针对工程不确定因素多、变更多，造价超标严重的问题

千村美居工程不确定因素多，如辅房超标或违章建筑拆除后会产生很大的空地。为了整体景观效果的提升，我们必须要对其进行处理或改善。简单处理往往会变得不协调，影响整体效果，着重处理又会导致造价较大幅度地增加，由于前期设计没能对农村现场进行合理的勘察和调研，导致后期村民的需要没能被满足，达不到为民办实事的目的，从而使工程造价显著增加，超标严重。我方充分利用EPC模式有利于工程设计施工优化的特点，加上集中招标可降低成本，节约了前期编标费用及施工图设计费用，经测算约节省财政资金约130万元。通过设计和施工同时开展，减少了施工周

图 13　特色农业党建稻田画弘扬爱国主义教育

图 14　营造供居民集散休闲的活动场所，打造当地特色乡村风貌

图 15　注重地方人文遗产的保护，彰显地方特色

图 16　垂直绿化新技术应用既满足功能需要，又节能环保

期，加快了施工进度，保证了千村美居项目及苏州特色康居示范区顺利通过验收。

3. 针对工程中缺乏文化等多元素的问题

千村美居工程中乡土元素、传统元素、绿色生态元素普遍缺乏，由于设计与施工分别招标，业主为了尽快开工，保证工期，对设计方要求尽快出图。设计单位片面追求速度与效率，采用固定格式，套用其他相关近似图纸，缺少构思；施工单位又为了追求利润，加快工期，因此导致乡村景观的效果没有特色，没有突出本土的特殊元素，使村与村之间的景观重复，千篇一律，从而导致验收质量不高，得分也不高，没有亮点。但在我方精心设计和施工管理下，不仅方便业主方的镇建管所、村委会对施工方的管理，通过设计施工合理交叉融合，还可以充分发挥设计主导作用。依托 EPC

图 17　应用各项新技术如仿石漆等来突出古韵主题

施工总承包企业优势，项目施工上的管理更加专业化，企业管理水平较高，直属项目部负责人专业能力、责任意识、敬业意识较强，对工程质量高标准、严要求，赢得了镇建管所、村委会及当地百姓的一致认可。

四、新技术、新材料、新工艺的应用

1. 新型栽培技术

采用栽植技术，将要栽植的树苗和花草放到挖好的坑中，培上新土并用脚踩实，再浇透水，移植完成后一定要做到及时补水，保证移植树苗的成活率，从而提高园林工程的经济效益。

2. 新型仿石漆

特殊筛选的天然矿石，经捣碎研磨成砂，采用高温陶瓷彩釉技术，进行烧结着色处理。颜色稳固，不易脱色，具有极佳的保色性与强度，涂层平整致密、表面平滑；净味的水性环保乳液，不释放 VOG，是一种全新的内外墙装饰涂料。

3. 采用自主研发的专利施工设备

“一种乡村生态环境建设施工设备”（专利号：ZL2021 2 1161634.7），通过转轴和清扫刷的配合，使清扫刷通过转轴不断运动，从而使清扫刷的自动程度增强，解决了现有乡村生态环境建设施工设备结构复杂、资金投入较大、不易操作等问题。

4. 新型塑木的应用

木平台等采用新型塑木材料，具备植物纤维和塑料的优点，适用范围广。原料可使用废旧塑料及废弃的木料、农林秸秆等植物纤维作基材，其不含任何外加有害成分，而且可回收再次利用，称得上真正意义上的环保、节能、可再生利用的新颖产品。

5. 垂直绿化

使用新一代智能模块化植物墙。该产品主要由模块化种植系统、智能供水系统和自动植物补光系统组成，通过连接件将各类种植灌溉构件搭接于底层龙骨架上，形成各种立体景观效果；通过自动引流设计，从上部即可对植物进行层层灌溉；更换植物方便。该植物墙产品具有植物存活率高、养护简单、空气净化效率高及整体效果美观的特点。

项目荣誉：
本项目获2023年度常熟市园林杯园林绿化优良工程。

图19 设置花花世界、亲子乐园等休闲娱乐场所，满足农旅需要

图18 通过改造，切实改善了农村人居环境和生态环境

图 20　注重实际现状，避免大拆大建、破坏村庄原有环境

柳泉镇南房上村面貌提升工程

——北京爱地园林景观设计有限公司

设计单位：北京爱地园林景观设计有限公司
施工单位：廊坊五圣天华园林景观工程有限公司

工程地点：河北省廊坊市固安县柳泉镇

项目工期：2021 年 7 月 1 日—2021 年 9 月 15 日

工程造价：570 万元（不含于成龙廉能文化教育中心及于成龙纪念园）

本文作者：黄艳丽　北京爱地园林景观设计有限公司
李超柳　北京爱地园林景观设计有限公司

图 1　村口标识

图 2　南房上村入口 1

一、工程概况

本工程设计范围为十字主街及沿线支巷、村委会及于成龙纪念园（独立项目，不在本次投资内）。设计内容包括：我们结合村街实际，进行村容村貌改造，包括人行道改造，主街沿街民居立面提升，新增节点、公共设施、标识工程、给排水、电气工程、村委会，及于成龙纪念园（独立项目，不在本次投资内）设计等。

图 3　南房上村入口 2

二、工程理念

1. 文化品牌

（1）打造“治水能吏”于成龙孝廉文化品牌。本工程依托襄勤故里及故居，深入挖掘于成龙治理浑河、利在千秋的事迹，传承廉政及孝道文化，创新文化表现形式，打造“治水能吏”文化品牌。宣传形式包括修建故居纪念馆、村庄街道文化宣传、影视、戏曲、微电影、情景剧、图书、宣传册、活动策划等。如组织青少年“传承孝文化”主题活动，定期组织固安县及周边省市中小学开展青少年传统孝文化教育活动，引导青少年健康成长，让孝文化深入人心；定期组织党员干部参观于成龙故居及纪念馆，举办廉政文化讲座，开展“党风廉政教育”主题党日活动，接受廉政文化熏陶和教育，进一步增强廉洁自律意识。

图 4　厂房立面改造

（2）打造非遗文化节。借助技艺体验、情景演绎、文化解读等创新表达方式，使游客在互动中走进非遗、热爱非遗、体验非遗；组织非遗主题研学活动，丰富青少年的精神文化生活，在制作过程中了解匠人们的巧手巧心，也对传统文化的现代化有了更深刻的理解。

2. 设计理念

（1）产业振兴。构建现代农业产业体系，尝试发展以孝廉为主题的文化产业，实现农村一、二、三产业深度融合。

（2）文化振兴。深入挖掘以于成龙为代表的“孝道”“廉政”文化，创新文化形式，推动乡村文化振兴。

（3）人才振兴。留住优秀人才，吸引外来人才，积极培养本土人才，鼓励外出能人返乡创业，鼓励大学生村官扎根基层。

（4）生态振兴。打造环境优美、设施完善，整洁干净、宜居宜业的环境。

（5）组织振兴。加强农村基层党组织建设，深化村民自治实践，发展农民合作经济组织。

3. 改造原则

（1）复现明清村落风貌。以明清时期北方民居风貌为蓝本，恢复村落整体建筑风貌。

（2）廉政文化、孝道文化。提取传统民居材料、元素，采用现代化设计手法演绎，融入地域文化，保留乡土自然的野性，凸显田园乡村的特色。

（3）环境优美、乡风淳朴。打造整洁干净、色调统一的路面，统一的村庄标识，三季有花、四季有景的绿化环境。

（4）材料乡土、工艺传统。因地制宜，采用当地材料与施工工艺，进行标准化设计，方便实施。

图5　村口田园风光

图6　村东街道

图7　“古镜今鉴”景墙

图 8 “永远跟党走”景墙

图 9 “产业兴旺，共同富裕”景石

三、工程重点及难点

1. 规划与设计的科学性与前瞻性

在南房上村改造工程中，重点是确保规划与设计的科学性与前瞻性。规划需充分考虑村庄的地理环境、历史文脉、人口规模，以及未来发展需求，确保改造后的村庄既能满足当前村民的生活需求，又能为未来的可持续发展提供空间。设计应将现代化与传统文化相结合，保留村庄的历史风貌，同时引入现代生活设施。设计师充分利用于成龙故居旧址，结合孝道文化和廉政文化赋予南房上村新的文化内涵。

2. 基础设施建设

基础设施建设是南房上村面貌提升工程的核心内容，包括道路、排水、照明等系统的完善。其中，道路系统是村庄发展的动脉，必须确保畅通无阻；排水系统关系到村民的生活品质，必须安全可靠；供电系统则是现代社会生活的必需品，必须覆盖全村。

现状仅主街道路为混凝土路铺装，路侧无人行道，支路及建筑出入口多为水泥砖干摆（易松动）或土路（无铺装面层），对村民的出行影响较大。本工程实施后，主路（车行）路面均铺设沥青，路两侧增设人行道，建筑出入口均为混凝土铺装，人行道和支路采用水泥砖铺装（含混凝土垫层及砂浆黏结层）。良好的道路条件使村民的出行更加便捷，减少了因交通不便造成的困扰。其次，道路提升工程还能改善村庄的居住环境，减少尘土飞扬、噪声污染等问题，提高村民的居住舒适度。

村内无公共厕所，对村民和游客来说很不方便。通过合理规划和设计，在现状简易旱厕的原址上，新建一处公厕，为村民提供了极大的便利，减少了随地大小便的现象，从而减少了环境污染，提升了村子的整体环境卫生水平。

3. 工程实施与监督

本工程需要经历规划设计、拆改、施工建设等多个阶段，每个环节都需要严格把关，确保工程质量和安全。同时，还需要加强工程实施的监督和管理力度，确保工程按照既定计划进行，这也是改造工程面临的一大挑战。

图 10　粉条工坊

图 11　村内主街

民居立面改造是本工程的重点之一，涉及各家各户的院墙、民房立面等，现状墙体情况较为复杂和琐碎，各家院墙高度不一，墙体结构做法和外饰面均不同，有些墙体破损严重，等等。设计要求街巷风格统一，院墙、民居的外饰面材料一致，因此我们需根据不同的状况分别出具详细的施工做法。

4. 工程管理规范

重点：工程管理是美丽乡村建设的重要环节，我们需要制定科学、规范的工程管理制度，确保建设活动的顺利进行。

图 12　村粉条展馆入口

图 13　村粉条展馆院内

图 14　纪念碑广场 1

图 15　纪念碑广场 2

图 16　于成龙纪念园 1

图 17　于成龙纪念园 2

图 18　于成龙纪念园 3

难点：如何建立健全工程管理制度，加强对工程质量和进度的监督管理，确保建设活动符合规范、安全、高效的要求，是工程管理规范中的难点。

5. 生态环境保护

在工程建设过程中，我们高度重视生态环境保护，确保改造活动不对村庄环境造成破坏，合理规划绿地、水体等生态空间，提升村庄的绿化水平，改善空气质量，打造宜居的生态环境。

四、新技术、新材料、新工艺的应用

1. 信息化技术

我们通过引入地理信息系统（GIS）信息化技术，实现园林工程的数字化设计、施工和管理。GIS 技术提供了可测量的三维模型，可以辅助园林设计师进行场地分析、空间规划和景观设计，方便设计师随时查阅各种数据。

2. 环保节能技术

我们在工程中积极利用太阳能等清洁能源进行照明，所有路灯均采用太阳能高杆灯，降低对传统能源的依赖和减少对环境的污染。路灯采用太阳能光伏板进行充电，无须消耗传统能源，减少碳排放。内置光控和时控系统，能够根据环境光线变化自动开启和关闭，实现智能节能。

3. 高效节能材料

本工程给排水系统采用了高效节能的

管材和配件，如 PPR 管、HDPE 管等，这些材料具有耐腐蚀、抗老化、密封性好、施工简单快捷、维护成本相对较低等优点，能够保证水质安全。这样不仅提高了工程质量和效率，还降低了能耗和成本，并兼顾了环境保护。

图 19　于成龙廉能文化教育中心入口

图 20　于成龙纪念雕塑

2021年度支塘镇“千村美居”工程（第四批）设计采购施工（EPC）总承包项目

——常熟古建园林股份有限公司

设计单位：常熟古建园林股份有限公司

施工单位：常熟古建园林股份有限公司

工程地点：江苏省常熟市支塘镇

项目工期：2021 年 9 月 30 日—2022 年 5 月 31 日

建设规模：336000 平方米

工程造价：1014.5 万元

本文作者：王晓明　常熟古建园林股份有限公司　项目经理

顾益安　常熟古建园林股份有限公司　项目技术负责人

王晓斌　常熟古建园林股份有限公司　项目施工员

李　恒　常熟古建园林股份有限公司　项目施工员

图 1　千村美居工程把农村打造成为常熟城市生态“后花园”

一、工程概况

2021 年度支塘镇“千村美居”工程（第四批）设计采购施工（EPC）总承包项目涉及 3 个村、15 个自然村落。本项目主要通过环境综合整治和局部改造，开展“拆归收”工作，实施道路修复及改建、砌筑砖篱、驳岸修复建设，增设停车位、路灯、绿化等，切实改善了农村人居环境和生态环境，提高了农村居民生活质量。由我们公司承建的千村美居工程经多种创新技术的应用和精心施工，村庄整体创建质量显著提高，乡土元素、传统元素等亮点挖掘能力得到较大提升，市级验收得分屡创新高。

图 3　千村美居工程将村庄绿化覆盖率达到 30% 以上

图 4　千村美居工程绿化种植主要以乡土树种为主

图 2　千村美居工程实施全域美丽宜居村庄优化提升工程

图5　千村美居工程消除村庄内黑臭水体和劣Ⅴ类水体

图6　千村美居工程根据当地居民的需要适当建造游园

图7　通过环境综合整治和局部改造，实现环境“干净整洁有序”

图 8　千村美居工程建设还注重塑造村庄风貌特色

图 9　根据乡村特色结合文物保护体现乡土文化

二、新技术、新材料、新工艺的应用

1. 自创新型园林绿化的挖坑装置

我们针对传统的挖坑装置增加一个辅助支架的设计，该辅助支架不仅能够方便挖坑装置的移动，还能使挖坑简便易操作，一个人就能实现对机械的运输和操作，相对于传统的方式更加方便，对人力要求也有所降低。

图 10　注重生态发展重视乡村特色的绿化理念

2. 新型塑木的应用

木平台等采用新型塑木材料，具备植物纤维和塑料的优点，适用范围广。原料可使用废旧塑料及废弃的木料、农林秸秆等植物纤维作基材，其不含任何外加有害成分，而且可回收再次利用，称得上真正意义上的环保、节能、可再生利用的新颖产品。

图 11　做好便民措施满足百姓的日常生活需要

图 12　增加体育休闲设施满足群众健身需要

图 13　增加文化宣传做好党建引领各项工作

图 14　增加长廊广场场所满足村民生活的各项需求

图 15　施工中尽量使用乡土材料和旧材料保证环保又节约造价

图 16　保持乡土人情结合文化宣传保证地方特色

图 17　保留农村菜地并对其改造后整齐美观

图 18　增加桥梁等交通设施方便村民出行

3. 采用自主研发的专利施工设备

“一种乡村生态环境建设施工设备”（专利号：ZL2021 2 1161634.7）通过转轴和清扫刷的配合，使清扫刷通过转轴不断运动，从而使清扫刷的自动程度增强，解决了现有乡村生态环境建设施工设备结构复杂、资金投入较大、不易操作等问题。

图 19　对陈旧的房屋进行美化宣传美观双重效果

图 20　注重宅前屋后效果保证美好的农村人居环境